T0296890

Prozessfähigkeit bei der Herstellung komplexer technischer Produkte

Stefan Bracke

Prozessfähigkeit bei der Herstellung komplexer technischer Produkte

Statistische Mess- und Prüfdatenanalyse

Stefan Bracke
Bergische Universität Wuppertal
Wuppertal
Deutschland

Die dem Buch zugrundeliegende Forschungsarbeit *Prozessvalidierung von hochpräzisionsgefertigten Dental-Instrumenten in der Medizintechnik (ProVaLDIN)* wurde vom Bundesministerium für Bildung und Forschung (BMBF) im Rahmen des Förderprogrammes *KMU-innovativ* gefördert und durch den Projektträger Karlsruher Institut für Technologie (KIT); Produktion und Fertigungstechnologien (PTKA-PFT) begleitet.

ISBN 978-3-662-48213-1 ISBN 978-3-662-48214-8 (eBook)
DOI 10.1007/978-3-662-48214-8

Die Deutsche Nationalbibliothek verzeichnet diese Publikation in der Deutschen Nationalbibliografie; detaillierte bibliografische Daten sind im Internet über http://dnb.d-nb.de abrufbar.

Springer Vieweg

Gedruckt auf säurefreiem und chlorfrei gebleichtem Papier

Springer-Verlag Berlin Heidelberg ist Teil der Fachverlagsgruppe Springer Science+Business Media
(www.springer.com)

Vorwort

Die Herstellung technisch komplexer Produkte in der Serienfertigung befindet sich in der heutigen Zeit in einem hochturbulenten Marktumfeld. Auf der einen Seite erwarten die Kunden ein Höchstmaß an Präzision und Einhaltung der Spezifikationen. Auf der anderen Seite steht die herstellende Industrie am Standort Deutschland aufgrund der fortschreitenden Globalisierung – auch im Bereich komplexer Fertigungstechnologien – unter immensem Druck. Unternehmen mit Standorten innerhalb der BRIC Staaten (Brasilien, Russland, Indien und China) sind starke Wettbewerber, da dort kostengünstig gefertigt werden kann und gleichzeitig das Qualitätsniveau stetig steigt.

Bei vielen technischen Produktionsprozessen ist die Sicherstellung der Präzision und Genauigkeit innerhalb der Serienfertigung ein klarer Wettbewerbsvorteil. Daher ist eine der wichtigen, zentralen Herausforderungen an zukünftige, technisch anspruchsvolle Herstellungsprozesse die Beherrschbarkeit und Qualitätsfähigkeit in Bezug auf funktionskritische Produktmerkmale. Die in vielen Industriezweigen bereits etablierte Statistische Prozesslenkung (engl.: Statistical Process Control – SPC) beinhaltet hier die Berechnung univariater Prozessfähigkeitsindizes. Durch stetige Erweiterung der Funktionalität und Präzision von technischen Produkten ist jedoch häufig die Analyse und Validierung eines Fertigungsprozesses auf Basis mehrerer funktionskritischer Merkmale (Merkmal-Set) nötig. Zur Zeit existiert jedoch noch kein industrieller Standard zur mehrdimensionalen Prozessfähigkeitsanalyse.

Das vorliegende Buch beinhaltet die Entwicklung von Ansätzen und Systematiken zur multivariaten Prozessanalyse und -validierung bei komplexen Präzisionsfertigungen. Die Ansätze und Methoden werden anhand vieler Beispiele aus der Dental-Medizintechnik – beispielsweise Zahn- und Formbohrer – erläutert. Als Abrundung wird eine allgemeingültige Vorgehensweise zur uni-/multivariaten Prozessbewertung aufgezeigt, welche etablierte Industriestandards und entwickelte mehrdimensionale Ansätze zusammenführt. Des weiteren wird der Nutzen und die Übertragbarkeit auf weitere Produktspektren aus industrieller Anwendersicht ausführlich diskutiert.

Das Buch ist das Ergebnis eines gemeinschaftlichen Forschungsprojektes folgender Kooperationspartner:

- **Hager & Meisinger GmbH**, Hersteller von Dentalwerkzeugen und -instrumenten (Neuss, Deutschland). Hager & Meisinger fertigt Produkte mit komplexen und innovativen Technologien sowie selbst entwickelten Maschinen im Miniaturbereich ab 0,2 mm Durchmesser mit Toleranzen im Mikrometer-Bereich. Einen Großteil der bis heute über 2 Mrd. ausgelieferten Instrumente umfassen dentale Bohr- und Fräswerkzeuge (Ausführliche Darstellung der Produkte wie auch des industriellen Umfelds, vgl. Kap. 2.2, 6.4.1, 7.4.2, 7.5.2).
- **Bergische Universität Wuppertal, Lehrstuhl für Sicherheitstechnik/Risikomanagement – LSR** (Wuppertal, Deutschland). Der Lehrstuhl führt Forschungsarbeiten auf dem Gebiet der Zuverlässigkeitsanalytik und Risikoforschung wie auch Analysen und Konzepte zur Schadensprävention bei technisch komplexen Produkten und Produktionsprozessen durch. Insbesondere steht die Mess- und Prüfdatenanalyse innerhalb der verschiedenen Phasen der Entwicklung, der Produktion, der Feldbeobachtung des Produktentstehungsprozesses sowie der Nutzungsphase im Mittelpunkt. Des Weiteren entwickelt der Lehrstuhl Zuverlässigkeitsmodelle für technische Produkte und Produktionsprozesse auf Basis von Daten/Informationen aus den Bereichen Produkt-Testing/Erprobung (Fokus: Langlebigkeit), Produktion (Fokus: Prozessbeherrschung/Qualitätsfähigkeit) und Feld (Fokus: Produktbewährung). Neben der ingenieurwissenschaftlichen Grundlagenforschung führt der Lehrstuhl Sicherheitstechnik/ Risikomanagement Forschungskooperationen mit Unternehmen und Instituten, unter anderem aus der Fahrzeugtechnik, Verfahrenstechnik sowie feinmechanisch-optischen Industrie, durch.

Die dem Buch zugrundeliegende Forschungsarbeit *Prozessvalidierung von hochpräzisionsgefertigten Dental-Instrumenten in der Medizintechnik (ProVaLDIN)* wurde vom Bundesministerium für Bildung und Forschung (BMBF) im Rahmen des Förderprogrammes *KMU-innovativ* gefördert. Die Durchführung dieses Projektes war nur durch das ausgesprochen partnerschaftliche Miteinander von öffentlicher und privater Hand möglich. Das Projektkonsortium dankt an dieser Stelle besonders dem Projektträger, dem Karlsruher Institut für Technologie (KIT); Produktion und Fertigungstechnologien (PTKA-PFT) für die umfangreiche Unterstützung und Betreuung des Forschungsprojektes.

Besonderer Dank gilt auch den Mitautoren Bianca Backes und Julian Schlosshauer (beide vom Lehrstuhl für Sicherheitstechnik/Risikomanagement der Bergische Universität Wuppertal) für ihre Beiträge sowie ihre kritische Durchsicht. Des Weiteren danken wir Michele Blumberg, Arthur Sander und Uwe Ohligschläger (alle drei aus dem Hause Hager & Meisinger) und Marcin Hinz (Lehrstuhl für Sicherheitstechnik/Risikomanagement) für die konstruktive Mitarbeit innerhalb des Forschungsprojektes. Für das eingehende abschließende Lektorat bedanken wir uns bei Elke Cleve.

Für die engagierte und stets ermunternde Fachberatung bei der Gestaltung dieses Buches danken wir besonders Alexander Grün und den Mitarbeitern des Springer-Verlags.

Wuppertal und Neuss, im Juli 2015

Stefan Bracke
Inhaber des Lehrstuhls
Sicherheitstechnik/Risikomanagement,
Bergische Universität Wuppertal

Burkard Höchst
Geschäftsführender Gesellschafter,
Hager & Meisinger GmbH, Neuss

Inhaltsverzeichnis

Formelverzeichnis

Formelzeichen	Formelbezeichnung
$\bar{x}$	Mittelwert, Schätzer
μ	Mittelwert, Grundgesamtheit
i	Laufindex
$s_{g,\sigma}$, s	Standardabweichung, Schätzer
$\bar{x}p$	Mittelwert der Messwertreihe, Schätzer
x_m	Normal-/Referenzwert des Normals bzw. Referenzteils
u_i	Standardunsicherheit (i = Einflussgröße)
U	Erweiterte Messunsicherheit
MS	Messsystem
MP	Messprozess
OSG	Obere Spezifikationsgrenze
USG	Untere Spezifikationsgrenze
P	statistisch zu erwartender Ausschussanteil
c_p	Prozessfähigkeitsindex
c_{pk}	Kritischer Prozessfähigkeitsindex mit Berücksichtigung der Fertigungsprozesslage
c_{pko}	Kritischer Prozessfähigkeitsindex mit Berücksichtigung der Fertigungsprozesslage bezogen auf die obere Spezifikationsgrenze
c_{pku}	Kritischer Prozessfähigkeitsindex mit Berücksichtigung der Fertigungsprozesslage bezogen auf die untere Spezifikationsgrenze
$\widehat{C_p}$	Schätzer für eindimensionaler Prozessfähigkeitsindex
$\widehat{C_{pk}}$	Schätzer für eindimensionaler Prozessfähigkeitsindex mit Berücksichtigung der Fertigungsprozesslage
MPC	Multivariate Process Capability
$ß_0$, $ß_1$	Parameter des Exponentialansatzes
$P_{i=1...n}(t)$	Fehlerwahrscheinlichkeiten

Formelzeichen	Formelbezeichnung
$P_{ges}(t)$	Gesamtfehlerwahrscheinlichkeit
$F(x)$	Funktion von x
λ_i	Skalenparameter
N_i	Schockrate
$R_i(x)$	Ausfallrate
q	Anzahl der Marginalverteilungen
Φ_j	Funktion. Sie transformiert eine Stichprobe in eine standartnormalverteilte Stichprobe.
ϕ	Zusammenfassung aller Φ_j zu einer Funktion, die die multivariate Stichprobe in eine multivariate *Normalverteilungsstichprobe* transformiert
N_q	multivariate Normalverteilung
U	Uniformverteilung zu den Parametern 0 und 1
$Q_{N(0,1)}(x)$	Quantilfunktion der Standardnormalverteilung
Σ	Kovarianzmatix der Multivariaten Normalverteilung, als Parameter dieser Verteilung
μ	Erwartungswert, (und Parameter der multivariaten Normalverteilung in der er genau den Erwartungswert darstellt)
$\|\Sigma\|$	Determinante von Σ
$\hat{\sigma}_{X,Y}$	empirische Kovarianz
$\bar{x}$ und $\bar{y}$	arithmetische Mittel
Cov [X]	Kovarianzmatrix der Variablen X
$\bar{\tilde{S}}_i$	arithmetisches Mittel

Einleitung: Prozessfähigkeitsanalysen bei der Herstellung komplexer Produkte

1

Bei vielen technischen Produktionsprozessen ist die Sicherstellung der Präzision und die Genauigkeit in Bezug auf Fertigung und hergestelltem Produkt ein klarer Wettbewerbsvorteil. Daher ist eine der wichtigen, zentralen Herausforderungen an zukünftige, technisch anspruchsvolle Herstellungsprozesse die Beherrschbarkeit und Qualitätsfähigkeit hinsichtlich funktionskritischer Produktmerkmale.

Bei einem beherrschten Prozess ändern sich die Parameter der Verteilung (bspw. Mittelwert, Standardabweichung, Spannweite) der Messwerte eines Produktmerkmals (Bsp.: Bauteildurchmesser) praktisch nicht oder nur in bekannter Weise oder in bekannten Grenzen. Ein beherrschter Produktionsprozess liefert also reproduzierbare Ergebnisse, respektive Produkte mit einer gewissen Vorhersagbarkeit hinsichtlich der Produkteigenschaften. Ein beherrschter Prozess kann allerdings einen hohen Ausschussanteil liefern, wie folgendes Beispiel verdeutlicht: Durch eine ausgeschlagene Werkzeugführung ist die Messwertstreuung im Verhältnis zur Bauteilspezifikation zu hoch. Dann ist der Fertigungsprozess zwar beherrscht, da sich das Verteilungsmodell des Produktmerkmals nicht ändert, jedoch ist der Ausschussanteil (konstant) zu hoch, da die Spezifikationsgrenzen kontinuierlich überschritten werden.

Ein qualitätsfähiger Prozess bedeutet die Eignung eines abgegrenzten Prozesses zur Realisierung eines Bauteils und somit die Anforderungen an dieses Bauteil zu erfüllen. Die produzierten Bauteile erfüllen nach dem Fertigungsprozess und der Prüfung die vorgegebenen Spezifikationsgrenzen (bspw. Toleranzangaben). Qualitätsfähigkeit kann somit auch allein durch eine Endprüfung gewährleistet werden, wenn ein eventuell vorhandener Ausschussanteil aussortiert wird.

Das Ziel einer robusten Präzisionsfertigung ist jedoch beides: Prozessbeherrschung und Qualitätsfähigkeit. Der Produktionsprozess liefert reproduzierbare Ergebnisse, die Verteilung der Messwerte eines interessierenden Produktmerkmals ändert sich daher nicht

S. Bracke, *Prozessfähigkeit bei der Herstellung komplexer technischer Produkte*,
DOI 10.1007/978-3-662-48214-8_1

(oder nur in bekannter Weise); gleichzeitig ist der Prozess qualitätsfähig, die Spezifikation ist erfüllt, da bspw. der Prozess zentriert und die Messwertstreuung gering ist.

Als Methode zur Sicherstellung beherrschter und qualitätsfähiger Prozesse hat sich die Statistische Prozesslenkung (engl.: Statistical Process Control – SPC) in der industriellen Praxis etabliert. Die Statistische Prozesslenkung ist ein auf statistischen Grundlagen basierendes Instrument, um einen bereits optimierten Prozess durch kontinuierliche Beobachtung und eventuelle Korrekturen in diesem optimierten Zustand zu erhalten (vgl. Verband der Automobilindustrie e. V. Qualitäts Management Center 2011a).

Die Bewertung eines Fertigungsprozesses erfolgt über sogenannte Prozessfähigkeitsindizes. Beispielsweise werden innerhalb der Langzeit-Prozessfähigkeitsuntersuchung die bekannten Kennwerte C_p respektive C_{pk} ermittelt und interpretiert (vgl. Kap. 5.1 sowie Verband der Automobilindustrie e. V. Qualitäts Management Center 2011b). Unter Zuhilfenahme dieser Kennwerte kann der Fertigungsprozess validiert werden. Stand der Technik ist die Berechnung von Fähigkeitskennwerten, welche sich auf ein Produktmerkmal (Bsp.: Bauteillänge oder -durchmesser) beziehen. Somit können merkmalsbezogene Aussagen über Herstellungsprozesse getätigt werden. Die Indizes C_p und C_{pk} sind demnach klassischerweise univariate Prozessfähigkeitskennwerte. In der Regel wird eine Auswahl von Merkmalen eines Produkts im Rahmen von Prozessfähigkeitsanalysen untersucht. Diese Auswahl bezieht sich insbesondere auf funktionskritische Produkt- oder Prozessmerkmale, um die Prozessfähigkeit bei gleichzeitiger Wirtschaftlichkeit sicherstellen zu können.

Soll eine Aussage hinsichtlich eines Bauteils auf Basis mehrerer wichtiger, funktionskritischer Merkmale (vgl. Produktbeispiel Abb. 1.1) getroffen werden, können zwei Wege in Betracht gezogen werden:

1. Je funktionskritisches Produktmerkmal kann ein univariater Fähigkeitskennwert berechnet werden, sodass die Aussage zur gesamten Prozessvalidierung auf einem Satz von Kennwerten (Fähigkeiten der einzelnen Herstellungsprozesse) basiert.
2. Es wird ein Ansatz gewählt, bei welchem ein Kennwert die Prozessfähigkeit bezogen auf mehrere Merkmale abbildet. Die Fähigkeiten einzelner Fertigungsprozesse sind daher unter einem Kennwert zusammengefasst. Dieser multivariate Kennwert bezieht sich dann auf ein Merkmal-Set wichtiger (funktionskritischer) Produktmerkmale.

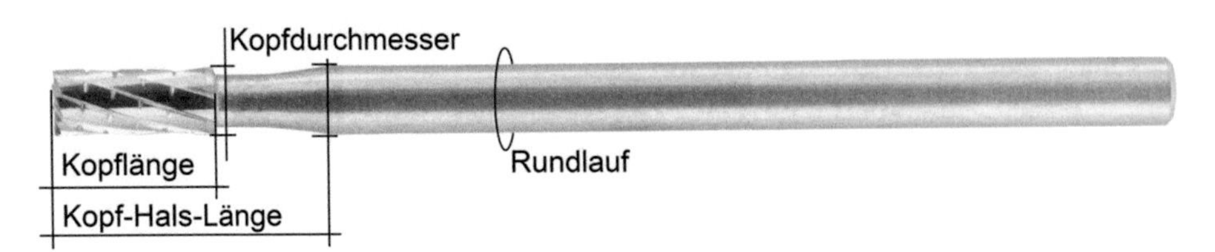

Abb. 1.1 Definition eines Sets von vier funktionskritischen Merkmalen am Beispiel eines Zahnbohrers als Grundlage einer mehrdimensionalen Prozessfähigkeitsanalyse (vgl. Voss und Höchst 2015)

Das vorliegende Buch zeigt – ausgehend vom Stand der Technik der univariaten Prozessfähigkeitsuntersuchung – Ansätze und Vorgehensweisen zur mehrdimensionalen Prozessfähigkeitsanalyse auf. Zunächst werden die Zielsetzung (vgl. Kap. 2) und die allgemeine Vorgehensweise zur mehrdimensionalen Prozessfähigkeit (vgl. Kap. 3) erläutert. Im Anschluss daran werden essentielle Voraussetzungen zur mehrdimensionalen Prozessfähigkeitsuntersuchung innerhalb des Kap. 4 herausgearbeitet: Die Analyse der Prüfprozesseignung und der Maschinenfähigkeit wie auch die Untersuchung der Abhängigkeiten von Merkmalen. Das Kap. 5 zeigt eine Übersicht zum Stand der Technik und in Auszügen aktuelle Ansätze bei der Berechnung univariater/multivariater Prozessfähigkeitsindizes. Als Ausgangsbasis einer mehrdimensionalen Prozessfähigkeitsanalyse werden im Kap. 6 wichtige Einflussgrößen diskutiert. Diese bilden die Grundlage von verschiedenen Ansätzen zur mehrdimensionalen Prozessfähigkeitsanalyse (vgl. Kap. 7). Die Anwendbarkeit der verschiedenen Ansätze, die jeweiligen Vor- und Nachteile sowie Nutzen und Übertragbarkeit auf andere Produktspektren bilden den Abschluss des Buches (vgl. Kap. 8).

Alle gezeigten Untersuchungen und Ansätze werden anhand von Praxisbeispielen aus dem Bereich der Herstellung von Hochpräzisionswerkzeugen und –instrumenten der Dental-Medizintechnik vorgestellt. Die gezeigten Fallstudien beinhalten Untersuchungen von *klassischen*, zerspanenden Herstellungsprozessen.

2 Mehrdimensionale Prozessvalidierung: Ziele und Anwenderumfeld

Die in vielen Industriezweigen bereits etablierte Statistische Prozessregelung (engl. Statistical Process Control – SPC) beinhaltet die Berechnung univariater Prozessfähigkeitsindizes. Unter Zuhilfenahme der Ermittlung dieser Prozesskennwerte zu verschiedenen Zeitpunkten innerhalb einer Charge kann ein Herstellungsprozess validiert werden. Durch stetige Erweiterung der Funktionalität und Präzision von technischen Produkten ist jedoch häufig die Analyse und Validierung eines Fertigungsprozesses auf Basis mehrerer funktionskritischer Merkmale (Merkmal-Set) nötig. Daher skizziert das vorliegende Kapitel zunächst allgemein Ziele und Ansätze einer mehrdimensionalen Prozessvalidierung (vgl. Kap. 2.1). Im Rahmen des Kap. 2.2 werden das Anwenderumfeld und die Präzisionsfertigung am Beispiel des Dentalinstrumentenherstellers Hager & Meisinger beschrieben; in den folgenden Ausführungen werden alle statistischen Ansätze anhand von Praxisbeispielen aus der Dentaltechnik erläutert.

2.1 Ziele der mehrdimensionalen Prozessvalidierung

In Bezug auf funktionskritische Produktmerkmale ist eine der wichtigen, zentralen Herausforderungen an zukünftige, technisch anspruchsvolle Herstellungsprozesse die Beherrschbarkeit und Qualitätsfähigkeit. In der Regel erfolgt die klassische Bewertung von Herstellungsprozessen stets in einer Dimension basierend auf ein Merkmal. Die Daten eines Herstellungsprozesses werden somit merkmalsbezogen erfasst, analysiert und beurteilt. Bei den Daten kann es sich um produktbezogene (Bsp.: Bauteildurchmesser) oder prozessbezogene Merkmale (Bsp.: Temperatur) handeln. Die Bewertung erfolgt, immer in Bezug auf ein bestimmtes Merkmal, über einen Prozessfähigkeitskennwert (vgl. Kap. 5.1). Bedingt durch den kontinuierlichen Anstieg der Funktionalität und Präzision von technischen komplexen Produkten, besteht die Notwendigkeit, die Analyse und Va-

S. Bracke, *Prozessfähigkeit bei der Herstellung komplexer technischer Produkte*,
DOI 10.1007/978-3-662-48214-8_2

lidierung eines Fertigungsprozesses auf Basis mehrerer funktionskritischer Merkmale (Merkmal-Set) durchzuführen.

In diesem Buch wird die Entwicklung von Ansätzen und Systematiken zur multivariaten Prozessanalyse und -validierung bei komplexen Präzisionsfertigungen aufgezeigt und anhand von Beispielen aus der Dental-Medizintechnik – beispielsweise Dental-Werkzeug Zahn- oder Formbohrer – erläutert.

Durch die multivariate Prozessvalidierung wird sichergestellt, dass der Herstellungsprozess eines technisch komplexen Produktes bei Vorliegen von mehreren, funktionskritischen Merkmalen entweder unter Zuhilfenahme mehrerer Fähigkeitskennzahlen (je Produktmerkmal) oder einer zusammenfassenden Fähigkeitskennzahl (für ein Merkmal-Set) bewertet werden kann.

Die zentralen Zielsetzungen bei der Entwicklung von Ansätzen zur mehrdimensionalen Prozessvalidierung werden wie folgt skizziert:

1. Analyse der wichtigsten Einflussgrößen auf die multivariate Produktionsprozessvalidierung im Rahmen der Hochpräzisionsfertigung,
2. Entwicklung einer Vorgehensweise zur multivariaten Prozessfähigkeitsanalyse sowie Prozessvalidierung bei komplexen Präzisionsfertigungen,
3. Entwicklung von Methoden zur Bestimmung multivariater Prozessfähigkeitskennwerte bei Vorliegen beliebig vieler funktionskritischer Merkmale unter Berücksichtigung von Interdependenzen der Produktmerkmale respektive Herstellungsparameter,
4. Durchführung von repräsentativen Machbarkeitsstudien anhand von Referenz-Dentalwerkzeugen.

Es werden verschiedene Ansätze (vgl. Kap. 7) zur mehrdimensionalen Prozessanalyse und -bewertung entwickelt und vorgestellt. Die Unterschiede der Ansätze bestehen in der Ausgangssituation im Hinblick auf die analysierten Produkt- und Fertigungsprozessparameter. Im Anschluss werden die Anwendungsgebiete aller Ansätze verglichen, die Vor-/Nachteile herausgestellt und eine allgemeine Vorgehensweise zur mehrdimensionalen Prozessfähigkeitsanalyse aufgezeigt.

Die technische Statistik, die Methodenentwicklung sowie die Anwendung innerhalb von Fallstudien aus dem Dentalwerkzeugbereich – insbesondere bei Zerspanungsprozessen – stehen im Vordergrund. Im separaten Kap. 8.3 werden zusätzlich Hinweise auf die Übertragbarkeit auf andere technische Produkte respektive Fertigungsprozesse gegeben.

Den Abschluss bildet eine zusammenfassende Diskussion des praktischen Nutzens mehrdimensionaler Fähigkeitsbewertungen aus Sicht industrieller Anwender.

2.2 Anwenderumfeld und Präzisionsfertigung

Die im Rahmen des vorliegenden Buches gezeigten Fallstudien beziehen sich auf Zerspanungsprozesse zur Herstellung von Dentalwerkzeugen. Die gezeigten und diskutierten Produkte entstammen aus Produkt-Entwicklungsprozessen (Prototypen-Vorserien) und können als repräsentativ für die Präzisionsfertigung bezeichnet werden.

Exemplarisch für die Branche wird an dieser Stelle das Unternehmen Hager & Meisinger sowie ein Auszug des Produktspektrums vorgestellt (vgl. Abb. 2.1), um Präzisionsfertigung und Anwenderumfeld zu skizzieren.

Seit 1888 entwickelt, produziert und vertreibt die Hager & Meisinger GmbH weltweit Medizinprodukte der Spitzenklasse, die an einem Standort konzipiert, entwickelt und produziert werden. Mit seinen Kunden ist das Unternehmen durch langjährige, erfolgreiche Partnerschaften verbunden und *Made by MEISINGE*R steht heute international für Qualität, Innovation und Zuverlässigkeit. Hager & Meisinger ist ein in vierter Generation inhabergeführtes Familienunternehmen.

Bei einem der wenigen echten *Vollsortimenter* können die Kunden aus einem Angebot von mehr als 10.000 Artikeln für verschiedene Anwendungen rund um den kompletten Bereich *Dental und Bone Management®* wie auch für die Podologie und den Juweliersektor auswählen. Alle MEISINGER-Instrumente zeichnen sich dabei durch höchste Qualität, Anwendungssicherheit und innovative Ideen aus, denn sie werden meist gemeinsam mit Kunden, Medizinern und Universitäten entwickelt; der intensive Austausch mit Anwendern sichert dabei ihre hohe *Alltagstauglichkeit*. Spezielle Hager & Meisinger Produkte innerhalb der Produktpalette sind zudem patentrechtlich geschützt.

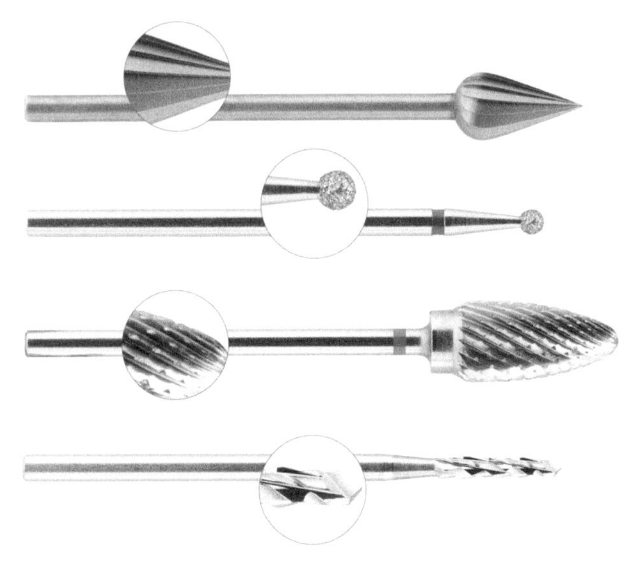

Abb. 2.1 Repräsentativer Auszug von Präzisionsprodukten im Dentalwerkzeugbereich der Firma Hager & Meisinger. (vgl. Voss und Höchst 2015)

Hergestellt werden die MEISINGER-Instrumente am eigenen Produktionsstandort in Deutschland. Mit komplexen und innovativen Technologien sowie selbst entwickelten Maschinen werden dort Produkte im Miniaturbereich ab 0,2 mm Durchmesser mit Toleranzen im Mikrometer-Bereich gefertigt. Hager & Meisinger vertreibt seine Produkte in mehr als 100 Ländern der Welt. Bis heute wurden mehr als 2 Mrd. MEISINGER-Instrumente ausgeliefert.

Die Mehrzahl der ausgelieferten Dental-Instrumente umfassen dentale Fräs- und Bohrwerkzeuge. Von diesen fertigt Hager & Meisinger jährlich mehr als 50 Mio. Stück. Daher ist diese Produktgruppe die Basis des Kerngeschäftes von Hager & Meisinger und repräsentiert ca. 80 % des Umsatzes. Der Weltmarkt für diese Produkte umfasst mehrere 100 Mio. Stück pro Jahr. Im Rahmen des vorliegenden Buches wurden innerhalb von Fallstudien unter anderem Zahnbohrer, Knochenraspeln sowie Implantologiebohrer untersucht. Diese stehen repräsentativ für die Dentalwerkzeug-Herstellung und finden eine breite Anwendung bei der zahnärztlichen Behandlung und in der Kieferchirurgie.

Literatur

Voss, S., Höchst, B.: Hager & Meisinger GmbH. http://www.meisinger.de (2015). Zugegriffen: 15. Juli 2015

3 Überblick zu den verschiedenen Phasen der mehrdimensionalen Prozessvalidierung

Das vorliegende Kapitel zeigt eine Übersicht der wichtigsten Phasen der mehrdimensionalen Prozessvalidierung und deren Prinzipien, die zum Aufbau einer Vorgehensweise zur mehrdimensionalen Prozessfähigkeitsanalyse respektive Prozessvalidierung innerhalb der Herstellung von technisch komplexen Produkten benötigt werden. Die Analysephase umfasst wesentliche Untersuchungen zum Produkt, zu wichtigen Produktmerkmalen sowie den zugehörigen Herstellungsprozessen (vgl. Kap. 3.1). In der sich anschließenden Konzeptions- und Entwicklungsphase wird die methodische Ausgestaltung einer mehrdimensionalen Prozessfähigkeitsanalyse respektive Prozessvalidierung skizziert (vgl. Kap. 3.2). Den Abschluss bildet die Anwendung anhand von Fallstudien (vgl. Kap. 3.3).

3.1 Analysephase

Zunächst wird das interessierende Bauteil- und Produktspektrum festgelegt. Kriterien können *funktionskritisch im Zusammenbau*, *funktionskritisch in der Anwendung*, *generell hohe Kundenrelevanz* oder *sicherheitskritisch* sein. Als repräsentative Produkte des Dental-Werkzeugspektrums können beispielsweise Zahnbohrer, Formbohrer sowie Knochenfräsen ausgewählt werden. Im Anschluss werden je Produkt die funktionskritischen Merkmale bestimmt, welche für die Qualität und Zuverlässigkeit von besonderer Bedeutung sind. Anhand dieser werden die zugehörigen Herstellungsprozessvalidierungen durchgeführt. Allgemeingültige Hinweise auf potentielle Merkmale bezüglich einer Prüfnotwendigkeit können der Abb. 3.1 entnommen werden. Bei einem Zahnbohrer ist beispielsweise der Rundlauf ein funktionskritisches und kundenrelevantes Merkmal. Rundlaufabweichungen können während des Feldeinsatzes (Zahnbehandlung) beim Zahnarzt zu starken Vibrationen führen, welche wiederum Schmerzen beim Patienten zur Folge haben.

S. Bracke, *Prozessfähigkeit bei der Herstellung komplexer technischer Produkte*,
DOI 10.1007/978-3-662-48214-8_3

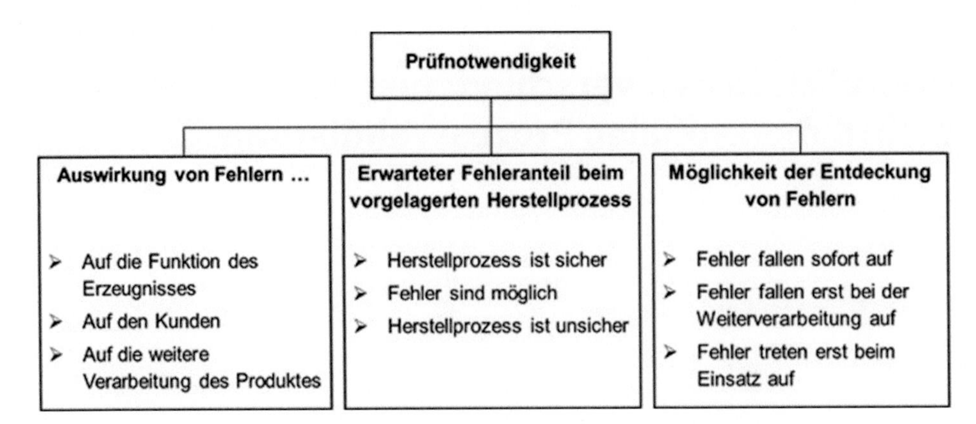

Abb. 3.1 Festlegung der Prüfnotwendigkeit hinsichtlich eines Merkmals in Abhängigkeit der Fehlerauswirkung, des erwarteten Fehleranteils sowie der Fehlerentdeckung nach Linß. (vgl. Linß 2011)

Sind die entscheidenen (funktionskritischen) Produktmerkmale bekannt, wird im Anschluss eine Analyse sämtlicher Arbeitsschritte des dazugehörigen Herstellungsprozesses durchgeführt. Hierbei kann zwischen verschiedenen Ebenen unterschieden werden: Maschinenebene, Produktionslinie und Fabrikebene. Die unterste Ebene stellt die Maschinenebene dar, in welcher die einzelnen Maschinen für sich betrachtet und analysiert werden können. Dazu gehören maschineninterne sowie maschinennahe Regelkreise, welche sich i. d. R. auf einzelne Produktmerkmale beziehen. Im Anschluss daran wird die Produktionslinie betrachtet; Verkettungen wie auch Wechselwirkungen von Maschinen innerhalb der Produktionslinie werden analysiert. Hier steht die Produktionslinie als Ganzes im Fokus. Die Auswirkungen der Maschinen-Interdependenzen – und somit auch potentielle Interdependenzen von Produktmerkmalen – werden analysiert und deren Einflüsse auf das Endprodukt der Produktionslinie verifiziert.

Folgen im Anschluss an die Produktionslinie weitere Arbeitsschritte, wie bspw. Endreinigung oder Verpackung, sind diese insbesondere im Hinblick auf kundenrelevante Qualitätsmerkmale in die Analyse mit einzubeziehen.

Auf Basis der technischen Analyse von Produkt, Produktmerkmalen und Herstellungsprozessen in den skizzierten Ebenen können konkrete quantitative und qualitative Methoden zur grundlegenden Untersuchung im Hinblick auf eine grundlegende eindimensionale/mehrdimensionale Prozessvalidierung durchgeführt werden. Voraussetzung sind fähige Prüfmittel und geeignete Prüfprozesse (vgl. Kap. 4.1). Hiernach können Mess-/Prüfdaten jedes funktionskritischen Merkmals im Hinblick auf den Schwerpunkt (Mittelwert), die Streuung sowie das Verteilungsmodell ausgewertet werden. Des Weiteren können über Korrelations-/Regressionsanalysen Merkmalsinterdependenzen abgebildet werden. Diese grundlegenden Auswertungen bilden die Ausgangsbasis einer mehrdimensionalen Prozessfähigkeitsuntersuchung (vgl. Kap. 4.3).

Merkmalsinterdependenzen bezogen auf Produkt- respektive Fertigungsprozessmerkmale müssen besonders beachtet werden: Steht beispielsweise die Verschiebung von Prozessschwerpunkten oder die Streuung eines funktionskritischen Merkmals in Abhängigkeit einzelner Fertigungsschritte (oder einzelner Maschinen), so ist die Prozessfähigkeit anders zu bewerten als bei völliger Unabhängigkeit (vgl. Kap. 7).

3.2 Konzeptions- und Entwicklungsphase

Auf Basis der in der Analysephase gewonnenen Erkenntnisse wird in der Konzeptionsphase ein Prozessvalidierungsmodell entworfen. Verschiedene Möglichkeiten stehen dem Fertigungsplaner hierbei zur Verfügung. Entweder die univariate Betrachtung der Merkmale (*merkmalsbezogen*) eines Produktmerkmalsets und die anschließende gesamtheitliche Auswertung der Prozessfähigkeitsanalysen. Oder, als zweiter Weg, die direkte Betrachtung des gesamten Merkmalssets und die anschließende Bewertung der Prozessfähigkeit (bezogen auf das Merkmalsset). Entscheidend für die Wahl der Konzeption sind die analysierten Interdependenzen der funktionskritischen Merkmale (oder Herstellparameter).

Die Entwicklungsphase beinhaltet die konkrete Ausgestaltung der multivariaten Prozessvalidierung aus der vorangegangenen Konzeption. Die Modelle sollen eine konkrete Vorgehensweise zur Analyse eines Produktmerkmalsets, bestehend aus mehreren funktionskritischen Merkmalen, bieten. Die Vorgehensweise besteht aus den in Abb. 3.2 gezeigten, elementaren Schritten.

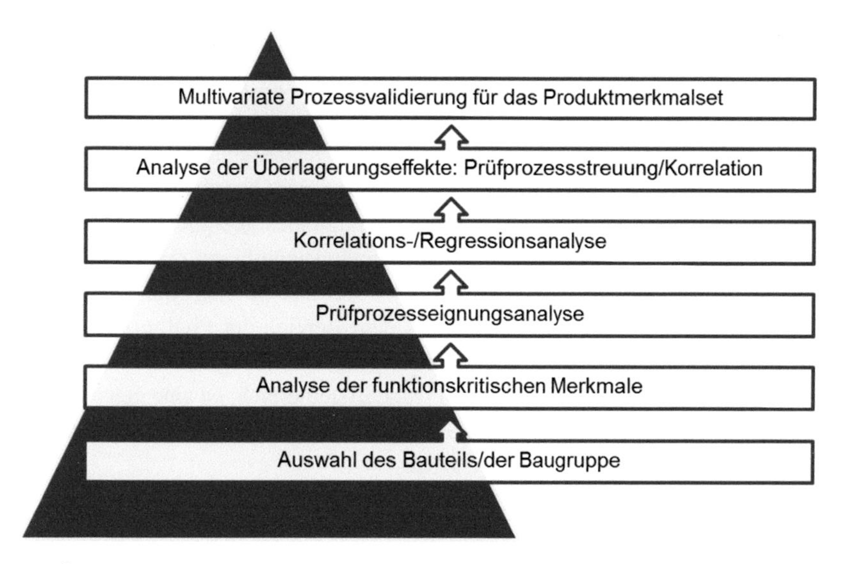

Abb. 3.2 Übersicht zur Vorgehensweise bei der Entwicklung einer Vorgehensweise zur mehrdimensionalen Prozessvalidierung

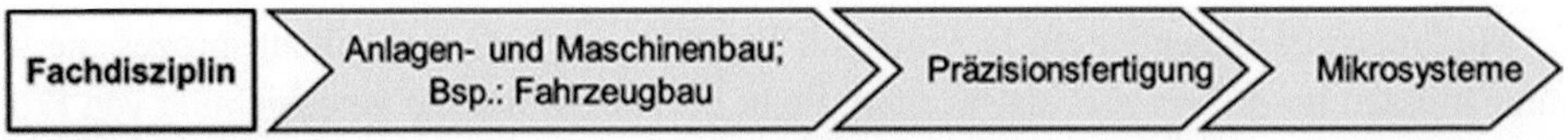

Fachdisziplin	Anlagen- und Maschinenbau; Bsp.: Fahrzeugbau	Präzisionsfertigung	Mikrosysteme
Geometrische Kenngröße	Länge, Winkel	Maß, Form, Lage Oberfläche	Atomare Struktur
Attributive Merkmale	Struktur, Textur, Glanz, Geräusch, Geruch, Reinheit		
Messung im Messbereich	100 m 5 m 1 m	1 cm	1 mm
Messunsicherheit	1 cm 1 mm 0,1 mm	0,01 mm 0,001 mm = 1µm	0,1 nm
Beispiele zur Ausprägung	Urmeter 1 m Strichteilung Lineal 1 mm	Wellenlänge Licht/Laser 680 nm	Atomdurchmesser 0,1 – 0,3 nm

Abb. 3.3 Fertigungsbereiche, Messbereiche und Messunsicherheit in Abhängigkeit der technischen Fachdisziplin.

Des Weiteren sollten in Abhängigkeit der gewählten Prüfprozesse und zu analysierenden Herstellungsprozesse mögliche Überlagerungseffekte hinsichtlich Prüfprozessstreuung und Fertigungsprozessstreuung berücksichtigt werden.

Die mehrdimensionale Prozessvalidierung ist allgemeingültig auf viele einfache sowie technisch komplexe Produkte anwendbar. Jedoch sollten, in Abhängigkeit der technischen Fachdisziplin, mögliche Grenzwertforderungen hinsichtlich der Beurteilung der Eignung respektive Fähigkeit von Prüf-/Fertigungsprozessen berücksichtigt werden. Die Grenzwertforderung kann beispielsweise bei der Durchführung einer Prozessvalidierung in den Fachdisziplinen Maschinen-/Anlagenbau (Bsp.: Fahrzeugtechnik), Präzisionstechnik (Dentalwerkzeuge, Uhrwerke) oder bei Mikrosystemen (Bsp.: Oberflächenveredelung), variieren (vgl. Abb. 3.3). Im Allgemeinen basiert eine Grenzwertforderung grundlegend auf dem Verhältnis der Fertigungsprozessstreuung und der vorgegebenen Spezifikation (Bsp.: Toleranz). In Abhängigkeit der technischen Realisierbarkeit und der Wichtigkeit des zu analysierenden Merkmalsets (Bsp.: funktions- oder sicherheitskritisch) wird die Grenzwertforderung formuliert. Einen weiteren Einfluss bei der Grenzwertforderung bildet die technische Machbarkeit im Hinblick auf den Einsatz eines geeigneten Mess- bzw. Prüfprozesses. Grenzen ergeben sich hier durch die Messunsicherheiten der Prüfmittel, welche basierend auf den Stand der Technik eingesetzt werden. So liegt die Messunsicherheit beispielsweise bei optischen Messmitteln aus dem Bereich der Photogrammetrie zurzeit noch im Hundertstelbereich. Liegt die Produktspezifikation (vgl. auch Fachdisziplin und Präzisionsfertigung, Abb. 3.3) ebenfalls im Hundertstelbereich, ist eine genaue Abwägung zwischen Produktanforderung, Machbarkeit und Wirtschaftlichkeit durchzuführen.

3.3 Pilothafte Umsetzungsphase

Im Rahmen einer pilothaften Umsetzungsphase werden die entwickelten Vorgehensweisen zur multivariaten Prozessvalidierung innerhalb von Fallstudien mehrfach angewendet und erprobt. In der vorliegenden Publikation werden diese im Bereich der Dentalwerkzeugherstellung aufgezeigt. Die multivariate Prozessvalidierung wird hinsichtlich der Herstellungsprozesse von Zahnbohrern ebenso Implantologie-Formbohrern durchgeführt, die Berechnungsalgorithmen werden dargestellt und die Ergebnisse visualisiert. Die hier analysierten und aufbereiteten Datensätze sind im Rahmen von Prototypen-Vorserien sowie aus der laufenden Serienfertigung entstanden. Die angeführten Dentalwerkzeuge sind charakteristisch für Dentalwerkzeug-Hersteller und finden ein weites Anwendungsfeld bei der zahnärztlichen Behandlung wie auch in der Kieferchirurgie. Des Weiteren können die hier gezeigten Fallstudien als repräsentativ für Zerspanungsprozesse im Präzisionsbereich angesehen werden: Der Hauptteil der Wertschöpfung besteht aus zerspanenden Fertigungsprozessen (Bsp.: Sägen, Drehen, Fräsen).

Da bei der Konzeption und Entwicklung überwiegend Verfahren aus der technischen Statistik zum Einsatz kommen, können die Vorgehensweisen zur mehrdimensionalen Prozessfähigkeitsuntersuchung auf weitere technische Produkte anderer Fachdisziplinen übertragen werden (vgl. Kap. 8.3).

Literatur

Linß, G.: Qualitätsmanagement für Ingenieure. Hanser, München (2011)

4 Voraussetzungen zur multivariaten Fertigungsprozessuntersuchung

Die univariate/multivariate Fertigungsprozessvalidierung setzt zunächst geeignete Prüfmittel und Prüfprozesse voraus, um die messtechnische Erfassung der funktionskritischen Produktmerkmale – auf Basis derer die Fertigungsprozessanalyse und -validierung durchgeführt werden soll – gewährleisten zu können. Die grundlegenden Verfahren zur Prüfmittelfähigkeitsuntersuchung sowie Prüfprozesseignungsanalyse werden in Kap. 4.1 skizziert. Eine weitere Voraussetzung zur Fertigungsprozessvalidierung sind fähige Maschinen; der Nachweis wird im Rahmen von Maschinenfähigkeitsuntersuchungen geführt (vgl. Kap. 4.2). Im speziellen Fall der multivariaten Fertigungsprozessvalidierung ist eine Analyse der Merkmalsabhängigkeiten über Korrelations-/Regressionsanalysen durchzuführen, welche eine Quantifizierung der wechselseitigen Interdependenzen zulässt (vgl. Kap. 4.3).

Der zeitliche Ablauf der Aktivitäten Prüfprozesseignung, Maschinenfähigkeit und die vorläufige respektive Langzeit-Prozessfähigkeit im Bezug zur Serienvorbereitung und zum Serienanlauf (Start of Production (SOP)) ist in Abb. 4.1 skizziert. Die univariate/multivariate Fertigungsprozessvalidierung ist Bestandteil der vorläufigen beziehungsweise Langzeit-Prozessfähigkeitsanalyse. Diese Vorgehensweise entspricht dem Stand der Technik und ist dementsprechend unter anderem vom Verband der Automobilindustrie in seinem Standardwerk VDA Band 4 skizziert. Diese Vorgehensweise ist Grundlage der folgenden Kapitelstruktur.

4.1 Prüfprozesseignung

Die Prüfprozesseignung ist die Grundvoraussetzung zur Überwachung von (meist funktionskritischen) Produktmerkmalen im Fertigungsprozess und damit zur Sicherstellung einer einwandfreien Funktion eines Produktes in der Nutzungsphase (vgl. auch Abb. 4.1).

S. Bracke, *Prozessfähigkeit bei der Herstellung komplexer technischer Produkte*,
DOI 10.1007/978-3-662-48214-8_4

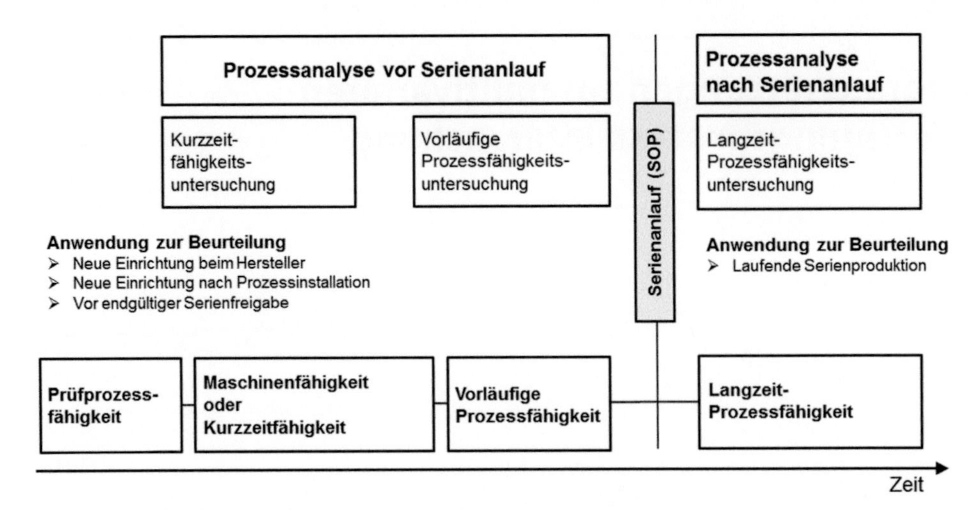

Abb. 4.1 Eignungs- und Fähigkeitsanalysen in ihrer zeitlichen Abfolge und Anwendung in Bezug zum Serienanlauf (Start of Production (SOP)) in Anlehnung an grundlegende Überlegungen zur Qualitätssicherung. (vgl. Verband der Automobilindustrie e. V. Qualitäts Management Center 2011b)

Die Eignung eines Prüfprozesses ist somit unter anderem die Voraussetzung für die Durchführung von:

a. Maschinenfähigkeitsuntersuchungen vor Serienstart (SOP),
b. Vorläufigen Prozessfähigkeitsuntersuchungen und Langzeit-Prozessfähigkeitsuntersuchungen vor bzw. nach Serienstart (SOP),
c. Statistischer Prozessregelung (Statistical Process Control).

Definition: Prüfprozesseignung (Prüfmittelfähigkeit) Die Untersuchung der Prüfprozesseignung ist eine Analyse der Eigenschaften sowie Handhabungsvorschriften eines Prüfmittels hinsichtlich seiner Eignung, die geplante Prüfaufgabe unter den vorgegebenen Prüfbedingungen zu erfüllen. Das Ergebnis ist der Eignungsnachweis für den geplanten/vorhandenen Prüfprozess (in Anlehnung an Pfeifer 2001; Verband der Automobilindustrie e. V. Qualitäts Management Center 2011b).

Die grundlegenden Untersuchungen – unter idealen und typischen Einsatzbedingungen – innerhalb der Eignungsprüfung eines Prüfmittels sowie des Prüfprozesses beziehen sich im Allgemeinen auf die in Abb. 4.2 in einer Übersicht skizzierten Punkte.

In der industriellen Praxis im Bereich der Automobilbranche haben sich drei Verfahren bewährt:

1. Kurzzeitprüfmittelfähigkeit C_g-/C_{gk}-Studie
2. Wiederhol- und Vergleichspräzisionsstudie %GRR-Studie
3. Prüfprozesseignungsstudie Q_{MS}-/Q_{MP}-Studie

Abb. 4.2 Wichtige Bestandteile der Eignungsprüfung eines Prüfmittels wie auch eines Prüfprozesses. (in Anlehnung an Pfeifer 2001)

Die Kurzzeitprüfmittelfähigkeit, C_g-/C_{gk} –Studie beurteilt im Kern die Wiederholungsstreuung eines Prüfmittels im Verhältnis zur vorgegebenen Spezifikation des vorliegenden Messobjektes (vgl. Kap. 4.1.1; A.I.A.G. –Chrysler Corp., Ford Motor Co., General Motors Corp. 2010). Die C_g-/C_{gk}-Studie kann als zu erfüllende Voraussetzung für die umfassenderen Prüfprozesseignungsuntersuchungen, wie der %GRR-Studie oder der Q_{MS}-/Q_{MP}-Studie, angewendet werden. Die Wiederhol- und Vergleichspräzisionsstudie (%GRR-Studie) beurteilt die Prüfprozesseignung unter Anwendung einer Vorgehensweise, welche die wesentlichen Einflussgrößen aus dem Prüfprozess (bspw.: Werker, Wiederholbarkeit, Messobjekt) einbezieht. Die %GRR-Studie wird im Rahmen des MSA-Handbuchs (Measurement System Analysis) beschrieben als Bestandteil der QS 9000 Reference Manual ASQC 2010 (vgl. A.I.A.G. –Chrysler Corp., Ford Motor Co., General Motors Corp. 2010). Der dritte Standard wurde durch den Verband der Automobilindustrie (VDA) entwickelt und basiert im Wesentlichen auf dem ISO-Standard GUM (2008): Die Prüfprozesseignungsstudie (Q_{MS}-/Q_{MP}-Studie) umfasst die systematische Analyse aller Einflussgrößen, differenziert nach Prüfmitteleinflüssen und Prüfprozesseinflüssen, auf das Messergebnis (vgl. Kap. 4.1.2; Verband der Automobilindustrie e. V. Qualitäts Management Center 2011b). Beide Verfahren, %GRR-Studie und Q_{MS}-/Q_{MP}-Studie, haben die Beurteilung der Prüfprozesseignung zum Ziel. Im Rahmen der vorliegenden Publikation werden die Verfahren der C_g-/C_{gk}-Studie sowie Q_{MS}-/Q_{MP}-Studie durchgeführt. Die Anwendung der Q_{MS}-/Q_{MP}-Studie gegenüber der %GRR-Studie wird bevorzugt, da sie umfassender anwendbar und aus methodischer Sicht weniger eingeschränkt ist.

Abb. 4.3 Darstellung einer Messmaschine zur Vermessung von z. B. Implantaten. (vgl. Voss und Höchst 2015)

4.1.1 Kurzzeitprüfmittelfähigkeit

Die Untersuchung der Kurzzeitprüfmittelfähigkeit C_g-/C_{gk}-Studie (hierbei bedeuten: C= capability; g= gauge; k= katayori (= Versatz)) wird zur Beurteilung von neuen und vorhandenen Messsystemen vor der Annahmeprüfung beim Lieferanten bzw. am endgültigen Einsatzort beim Kunden durchgeführt. Anhand des Fähigkeitskennwertes C_g bzw. C_{gk} kann die Eignung festgestellt werden. Im Fokus steht hierbei die Beurteilung der Wiederholungsmessung unter konstanten Randbedingungen (Abb. 4.3).

Die allgemeine Vorgehensweise zur C_g-/C_{gk}-Studie umfasst folgende Schritte:

a. Analyse der Messgeräteauflösung,
b. Einstellnormal wiederholt vermessen; Anzahl der Messvorgänge: ≥ 25,
c. Berechnung der Prüfmittelfähigkeitskennwerte C_g und C_{gk},
d. Beurteilung der Kurzzeitprüfmittelfähigkeit mittels Grenzwertforderung; die Prüfmittelfähigkeit ist gegeben bei: $C_g \geq 1{,}33$ und $C_{gk} \geq 1{,}33$.

Die Beurteilung der Auflösung des Messmittels (Schritt a.) bezogen auf die Prüfaufgabe wird unter Zuhilfenahme der Gl. 4.1 durchgeführt. Hintergrund des Grenzwertes ist die Forderung, dass die Anzeigegenauigkeit mindestens 20-mal höher im Bezug zur Bauteil-Toleranz (Prüfaufgabe) ist, um somit eine genügend hohe Anzahl potentieller Stützstellen im Hinblick auf diverse Auswertungen (bspw.: Verteilungsfit) zu erhalten.

$$\textit{Auflösung}\ (\%) = \frac{\textit{Auflösung des Messgerätes}}{\textit{Werkstücktoleranz}} * 100\% \leq 5\% \tag{4.1}$$

Im Anschluss wird die Kurzeit-Prüfmittelfähigkeit über die Kennwerte C_g und C_{gk} bestimmt (vgl. Gl. 4.2 und 4.3; Dietrich und Schulze 2007). Kern des C_g-Index (Schritt c) ist die Analyse der Messwertstreuung der Wiederholungsmessung (Schritt b) im Verhältnis zur gegebenen Bauteilspezifikation. Der C_{gk}-Index (Schritt c) hingegen bezieht neben der Streuung auch die Lage der Wiederholungsmessung zum *Richtigen Wert* (Referenzwert) mit ein.

$$C_g = \frac{0{,}2 \cdot Toleranz}{4\hat{\sigma}} \tag{4.2}$$

$$C_{gk} = \frac{0{,}1 \cdot Toleranz - |x_m - \hat{\mu}|}{2 \cdot \hat{\sigma}} \tag{4.3}$$

Sind beide Prüfmittelfähigkeitskennwerte berechnet worden, wird mittels folgender Grenzwertforderung die Kurzzeitprüfmittelfähigkeit bewertet:

$$C_g \ und \ C_{gk} \geq 1{,}33 \tag{4.4}$$

Verwendete Formelzeichen:

$\hat{\mu} = \frac{1}{n} \cdot \sum_{i=1}^{n} x_i$ = Schätzer für den Mittelwert

x_m = Normal-/Referenzwert des Normals bzw. Referenzteils

$\hat{\sigma} = s = \sqrt{\frac{1}{n-1} \sum_{i=1}^{n} (x_i - \hat{\mu})^2}$ = Schätzer für die Standardabweichung

i = 1, …, n. und $n \geq 25$

n = Anzahl der Messungen/Messwerte

In der skizzierten Vorgehensweise ist die Bezugsgröße das Vierfache der Standardabweichung der Wiederholungsmessreihe (4σ entspricht ca. 95,45 % des Flächeninhaltes unterhalb der Normalverteilung). Je nach zugrundeliegendem Industriestandard kann bspw. auch das Sechsfache der Standardabweichung σ gewählt werden (6σ entspricht ca. 99,73 % des Flächeninhaltes unterhalb der Normalverteilung).

4.1.2 Prüfprozesseignungsanalyse

Die Prüfprozesseignung (bspw. %GRR-Studie auf Basis QS 9000 vgl. (Reference Manual ASQC 2010) oder Q_{MS}-/Q_{MP}-Studie auf Basis VDA Band 5 vgl. (Verband der Automobilindustrie e. V. Qualitäts Management Center 2011b)) umfasst die systematische Analyse aller Einflussgrößen des Prüfmittels und der Prüfmittelanwendung auf das Messergebnis (vgl. Abb. 4.4). Im Rahmen der hier gezeigten Fallstudien wird eine Q_{MS}-/Q_{MP}-Studie (vgl. Verband der Automobilindustrie e. V. Qualitäts Management Center 2011b) auf Basis von (GUM 2008) verwendet. Zunächst werden die relevanten Unsicherheitskomponenten $x_1, x_2, \ldots, x_n$ benannt; differenziert nach Prüfmittel und Prüfprozess. Im Anschluss daran werden die Standardunsicherheiten je Einflussgröße – entweder über Versuchsreihen (*Methode A*) oder über Erfahrungswerte (*Methode B*) – ermittelt. Die Standardunsicherheiten werden kombiniert, wobei die Differenzierung nach Messsystem (u_{MS}) und Prüfprozess (u_{MP}) beibehalten wird. Auf Basis der kombinierten Standardunsicherheiten u_{MS} und u_{MP} werden die erweiterten Messunsicherheiten U_{MS} und U_{MP} für Messsystem und Prüfprozess berechnet.

Die ermittelten erweiterten Messunsicherheiten U_{MS} und U_{MP} werden gemäß der Gleichungen 4.5 und 4.6 zur vorgegebenen Bauteilspezifikation (hier: Toleranz) ins Verhältnis gesetzt und mittels Grenzwertforderung überprüft (vgl. Gl. 4.6 und 4.7; Dietrich und Schulze 2007).

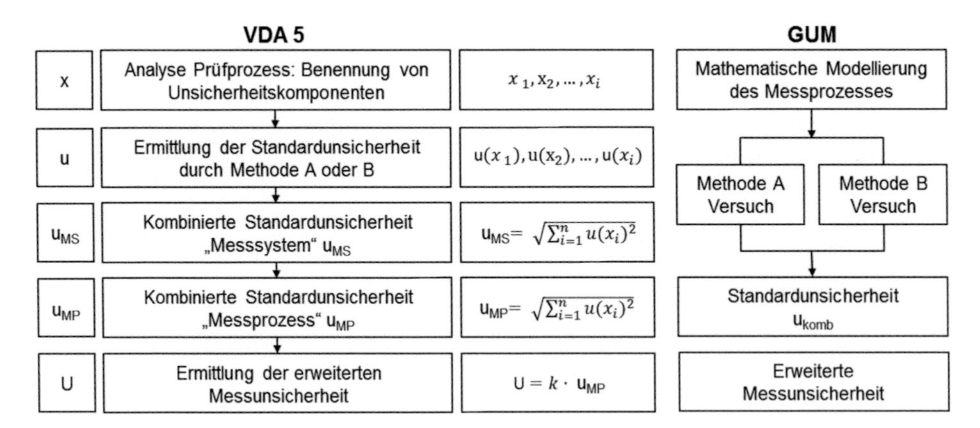

Abb. 4.4 Prinzipielle Vorgehensweise zur Bestimmung der erweiterten Messunsicherheiten für Messsystem und Prüfprozess in Anlehnung an (Dietrich und Schulze 2007) auf Basis (Verband der Automobilindustrie e. V. Qualitäts Management Center 2011b) in Anlehnung an den Standard (GUM 2008)

Kennwert Messsystembewertung

$$U_{MS} = 2 \cdot \sqrt{\sum_{i=1}^{n} u_i^2} \tag{4.5}$$

$$Q_{MS} = \frac{2 \cdot U_{MS}}{T} \cdot 100\% \tag{4.6}$$

Verwendete Formelzeichen:

U = Erweiterte Messunsicherheit
MS = Messsystem
u_i = Standardunsicherheit der Einflussgröße auf das Messsystem
i = 1, …, n.
n = Anzahl der Messungen

Kennwert Prüfprozessbewertung

$$U_{MP} = 2 \cdot \sqrt{\sum_{i=1}^{n} u_i^2} \tag{4.7}$$

$$Q_{MP} = \frac{2 \cdot U_{MP}}{T} \cdot 100\% \tag{4.8}$$

Verwendete Formelzeichen:

U = Erweiterte Messunsicherheit
MP = Messprozess
u_i = Standardunsicherheit der Einflussgröße auf den Messprozess
i = 1, …, n
n = Anzahl der Messungen

Grenzwertforderung
$Q_{MS} \leq 15\,\%$ ⇒ Messsystem geeignet
$Q_{MP} \leq 30\,\%$ ⇒ Prüfprozess geeignet
Werden Prüfmittel und Prüfprozess als geeignet eingestuft, werden zukünftige Messergebnisse in folgender Form angegeben (vgl. Gl. 4.9):

$$Messergebnis: y = x \pm U_{MP} \tag{4.9}$$

Des weiteren kann der Erweiterungsfaktor zur Berechnung des erweiterten Messunsicherheit U_{MP} angegeben werden (hier: k = 2; entspricht Sicherheit von 95,45 %).

4.2 Maschinenfähigkeit

Eine Maschinenfähigkeitsuntersuchung (MFU) ist eine Kurzzeituntersuchung an Maschinen und Anlagen hinsichtlich der Erfüllung vorgegebener Qualitätsanforderungen für die gestellte Fertigungsaufgabe. Basis der Bewertung ist eine einzige, große Stichprobe (empfohlener Stichprobenumfang ≥ 50 Werkstücke) aus den gefertigten Bauteilen. Die Fertigungsparameter sollten während der Stichprobenfertigung gleichbleibend sein; bspw. betriebswarme Maschinen, keine Temperatursprünge, keine Schichtwechsel (aus diesem Grund *eine einzige, große Stichprobe*).

Das Ziel der Maschinenfähigkeitsuntersuchung ist die Untersuchung der aktuellen Fähigkeit der Maschine, bzw. der Anlage im Hinblick auf die Erfüllung der vorgegebenen Fertigungsaufgaben. Die Maschinenfähigkeitsuntersuchung ist somit die Basis für den Freigabeentscheid bei einer Maschinenabnahme. Die Methode zur Berechnung der Maschinenfähigkeitsindizes C_m und C_{mk} ist prinzipiell analog zur Bestimmung der eindimensionalen Prozessfähigkeitsindizes C_p und C_{pk} (vgl. Kap. 5.1). Lediglich Fertigungsprozessrahmenparameter, Zeitpunkt im Produktentstehungsprozess sowie betrachtete Stichprobenumfänge sind verschieden.

4.3 Analyse von Merkmalabhängigkeiten

Die Durchführung der Analyse der Merkmalsabhängigkeit kann prinzipiell auf zwei Arten erfolgen, zum einen über parametrische Verfahren, zum anderen über parameterfreie Verfahren. Bevor mit der eigentlichen Korrelationsanalyse begonnen wird, muss die Datenbasis auf ihre Verteilungsart hin überprüft werden. Sind die Daten normalverteilt, so kann das Verfahren nach Bravais-Pearson durchgeführt werden, sind die Daten nicht normalverteilt, so wird ein parameterfreies Verfahren gewählt, welches kein Verteilungsmodell explizit voraussetzt.

4.3.1 Parametrische Verfahren

Die klassische Korrelationsanalyse unter Verwendung des Korrelationskoeffizienten Bravais-Pearson (vgl. Gl. 4.10) setzt bivariat normalverteilte Messreihen voraus (vgl. Sachs und Hedderich 2009). Die Berechnung des Bravais-Pearson Korrelationskoeffizienten erfolgt auf Basis der Urwerte.

$$r_{BP} = \frac{\sum_{i=1}^{n}(x_i - \overline{x})(y_i - \overline{y})}{\sqrt{\sum_{i=1}^{n}(x_i - \overline{x})^2 \sum_{i=1}^{n}(y_i - \overline{y})^2}} \tag{4.10}$$

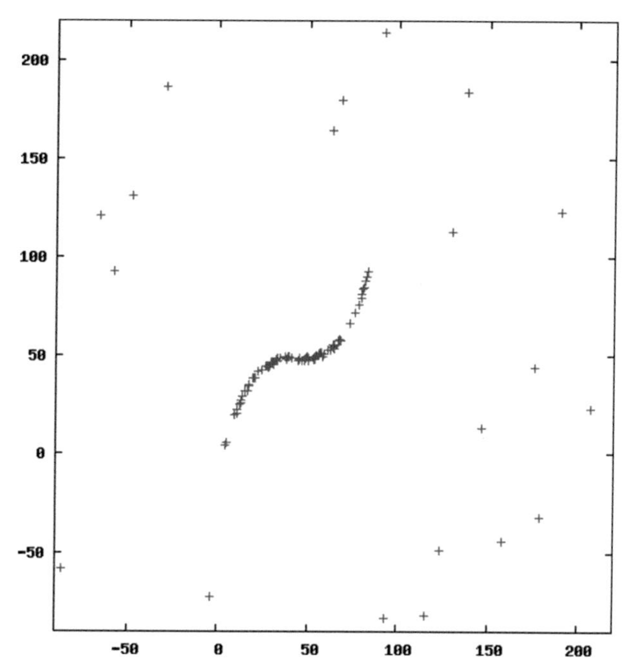

Abb. 4.5 Beispielhafte Darstellung einer Korrelationsanalysen nach Bravais-Pearson. (vgl. Matyja 2008)

In der angewandten Forschung zur Produktionsprozessanalyse ist der Korrelationskoeffizient für die Prognose von Ausschussquoten sowie für die Fertigungsprozesssteuerung von entscheidender Bedeutung, da er ein Indikator für das Vorliegen möglicher Zusammenhänge (oder Abhängigkeiten) der Produktmerkmale und damit der dazugehörigen Herstellungsprozesse ist. Diese Abhängigkeiten können quantitativ über Korrelationsanalysen bestimmt werden. Sind die Merkmale unabhängig voneinander, ist die Steuerung bezogen auf den einzelnen Arbeitsprozess nicht beeinflusst: Jeder Herstellungsschritt kann im Bedarf einzeln justiert werden. Bestehen jedoch Abhängigkeiten zwischen den Merkmalen, so muss die Fertigungssteuerung einzelner Herstellungsschritte aufeinander abgestimmt werden: Das Justieren eines Fertigungsschrittes beeinflusst möglicherweise Lage und Streuung eines anderen (oder mehrerer) Merkmals bedingt durch wechselseitige Abhängigkeit(en).

Die klassische Vorgehensweise bei der Analyse der Korrelationen über den Bravais-Pearson Koeffizienten erfolgt ausgehend von der Annahme, dass die Merkmale normalverteilt sind und lineare Zusammenhänge bestehen (vgl. Abb. 4.5). Die Analyse, ob die Messwerte eines Merkmals einer Normalverteilung folgen, kann bspw. unter Anwendung des Kolgmorow-Smirnow Anpassungstests (KSA) oder des Anderson-Darling-Tests geschehen (Sachs und Hedderich 2009).

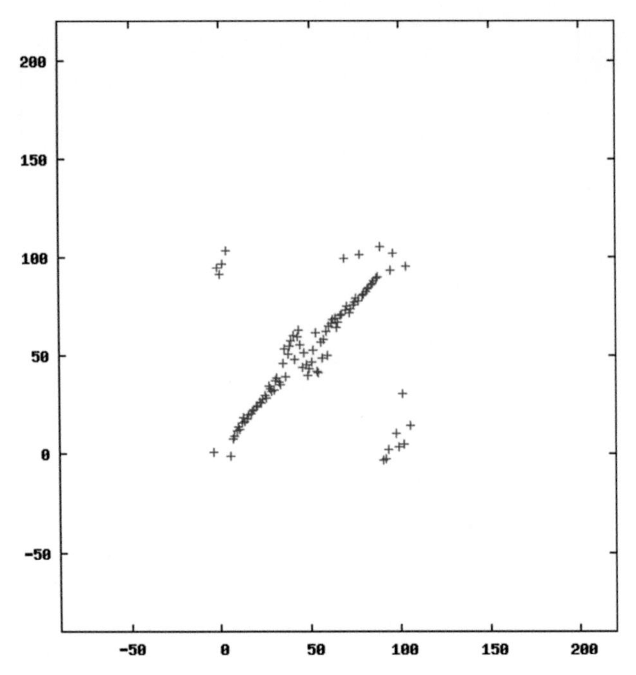

Abb. 4.6 Beispiel einer bivariaten Darstellung von Rängen zweier Messwertreihen als Ausgangsbasis für eine Korrelationsanalyse nach Spearman. (vgl. Matyja 2008)

4.3.2 Parameterfreie Verfahren

Unterliegen die zu analysierenden Merkmale nicht einem Normalverteilungsmodell – beispielsweise substantiiert durch die Anwendung der unter Kap. 4.3.1 genannten Anpassungstests – können Verfahren der parameterfreien Korrelationsanalyse zum Einsatz kommen.

Eine Alternative zur Pearson-Korrelation bietet die Rangkorrelation nach Spearman, dessen Rangkorrelationskoeffizient (r_S) (vgl. Gl. 4.11) ein parameterfreies Maß für die Korrelation ist (vgl. Büning 1994; Sachs und Hedderich 2009).

$$r_S = \frac{\sum_{i=1}^{n}\left(R(x_i) - \overline{R(x)}\right)\left(R(y_i) - \overline{R(y)}\right)}{\sqrt{\sum_{i=1}^{n}\left(R(x_i) - \overline{R(x)}\right)^2 \cdot \sum_{i=1}^{n}\left(R(y_i) - \overline{R(y)}\right)^2}} \tag{4.11}$$

Dieses Verfahren setzt keine bestimmte Wahrscheinlichkeitsverteilung bei den betrachteten Datenmengen voraus, da die Abstände der Ränge R_i der Messwerte zu den Rang-Schwerpunkten $\overline{R(x)}$ in die Berechnung einfließen und nicht die Messwerte selbst betrachtet werden (vgl. Abb. 4.6). Eine weitere Möglichkeit bietet der Korrelationskoeffizient nach Kendall (Kendalls τ; vgl. hierzu (Sachs und Hedderich 2009)). Zu beachten ist jedoch, dass die Informationen der Abstände der Urwerte zueinander bei rangbasierten

Verfahren verloren geht und in der Regel dadurch der Korrelationskoeffizient niedriger ausfällt.

Der Datensatz, welcher der Visualisierung der Messwerte in Abb. 4.5 und einer Korrelationsanalyse nach Bravais-Pearson zugrunde liegt, ist auch innerhalb der Abb. 4.6 verwendet worden: Hier wurden jedoch die Ränge bezogen auf die Messwerte abgetragen. Auch hier ist eine Korrelation erkennbar, deren Quantifizierung jedoch über den Korrelationskoeffizienten nach Spearman durchgeführt werden muss.

Literatur

A.I.A.G. – Chrysler Corp., Ford Motor Co., General Motors Corp.: Measurement system analysis, reference manual. Chrysler Corp., Michigan (2010)

Büning, H.: Nichtparametrische statistische Methoden. De Gruyter, Berlin (1994)

Dietrich, E., Schulze, A.: Prüfprozesseignung: Prüfmittelfähigkeit und Messunsicherheit im aktuellen Normenumfeld. Hanser, München (2007)

GUM: Uncertainty of measurement – Part 3: Guide to the expression of uncertainty in measurement (GUM:1995). http://www.iso.org/iso/home/store/catalogue_tc/catalogue_detail.htm?csnumber=50461 (2008). Zugegriffen: 18. Nov. 2014

Matyja, O.: Spearman Animacja2.Gif. https://Pl.Wikipedia.Org/Wiki/Wsp%C3%B3%C5%82czynnik_Korelacji_Rang_Spearmana#/Media/File:Spearman_Animacja2.Gif. (2008). Zugegriffen: 14. Juli 2015

Pfeifer, T.: Qualitätsmanagement: Strategien, Methoden, Techniken; mit 3 Tabellen. 3. Hanser Verlag, München (2001)

Reference Manual ASQC: Measurement system analysis. Troy Michigan: AIAG (2010)

Sachs, L., Hedderich, J.: Angewandte Statistik: Methodensammlung mit R. 13. Springer, Berlin (2009)

Verband der Automobilindustrie e. V. Qualitäts Management Center: Band 5: Prüfprozesseignung, Eignung von Messsystemen, Mess- und Prüfprozessen, Erweiterte Messunsicherheit, Konformitätsbewertung. Eigenverlag, Berlin (2011b)

Voss, S., Höchst, B.: Hager & Meisinger GmbH. http://www.meisinger.de (2015). Zugegriffen: 15. Juli 2015

5 Stand der Technik zur univariaten und multivariaten Fertigungsprozessuntersuchung im industriellen Anwendungskontext

Im vorliegenden Kapitel wird zunächst der Stand der Technik zur univariaten Prozessuntersuchung dargelegt. Die Berechnung und Interpretation univariater Prozessfähigkeitsindizes C_p und C_{pk} – entweder mit Annahme normalverteilter Messwerte oder unter Zuhilfenahme von Quantilen – ist in vielen Ingenieurdisziplinen des Maschinenbaus Standard. Im sich anschließenden Kap. 5.2 werden aktuelle Aktivitäten der multivariaten Prozessanalyse skizziert. Darauf aufbauend werden im Kap. 5.3 auszugsweise Beispiele zu Ansätzen der rechnerischen Bestimmung multivariater Fähigkeitsindizes aus aktuellen Publikationen vorgestellt. Ein industrieller Standard hat sich bei der multivariaten Berechnung von Prozessfähigkeiten zur Zeit noch nicht etabliert.

5.1 Eindimensionale Prozessvalidierung: State-of-the-art

Eine Prozessfähigkeitsuntersuchung ist eine Analyse aller an einem Herstellungsprozess beteiligten Einflussfaktoren hinsichtlich ihrer Eignung, die geplante Fertigungsaufgabe innerhalb vorgegebener Qualitätsanforderungen zu erfüllen. Ziel der Untersuchung ist es, Aussagen über die *Qualitätsfähigkeit des Prozesses* und die *Prozessbeherrschung* zu treffen. Im Wesentlichen umfasst die Prozessfähigkeitsuntersuchung folgende Ziele:

a. Prüfung der Prozessparameter auf Eignung, bzw. Erfüllungsgrad hinsichtlich der Fertigungsaufgabe,
b. Elimination aller systematischen Prozesseinflüsse,
c. Minimierung von Prüf- und Fehlerkosten,
d. Verkürzung der Fertigungsdurchlaufzeiten.

S. Bracke, *Prozessfähigkeit bei der Herstellung komplexer technischer Produkte*,
DOI 10.1007/978-3-662-48214-8_5

Die eindimensionale Prozessfähigkeitsuntersuchung beinhaltet die Berechnung der eindimensionalen Prozessfähigkeitsindizes C_p und C_{pk} (C=capability, p=process; k=katayori (entspricht *Versatz*)). Der C_p-Index beschreibt das Verhältnis aus Streuung des Fertigungsprozesses – bezogen auf ein bestimmtes Produktmerkmal – und vorgegebener Produktmerkmalsspezifikation (vgl. Gl. 5.1). Der C_{pk}-Index (vgl. Gl. 5.2) berücksichtigt zusätzlich die Fertigungsprozesslage (Schätzwert, Mittelwert) im Vergleich zum C_p-Index (vgl. Gl. 5.1).

$$C_p = \frac{OSG - USG}{6\hat{\sigma}} \tag{5.1}$$

$$C_{pk} = min\left[\frac{OSG - \hat{\mu}}{3\hat{\sigma}}; \frac{\hat{\mu} - USG}{3\hat{\sigma}}\right] \tag{5.2}$$

Verwendete Formelzeichen:

OSG = Obere Spezifikationsgrenze
USG = Untere Spezifikationsgrenze
$\hat{\sigma}$ = Schätzer für die Standardabweichung
$\hat{\mu}$ = Schätzer für den Mittelwert

Der C_{pk}-Index wird sowohl im Hinblick auf die obere als auch unter Berücksichtigung der unteren Spezifikationsgrenze berechnet (vgl. Gl. 5.2). Den kritischen C_{pk}-Wert stellt der kleinere Wert dar, da sich die Fertigungsprozesslage dieser Spezifikationsgrenze nähert und möglicherweise (zusätzlich) bedingt durch die Fertigungsprozessstreuung ein hoher Ausschussanteil möglicherweise zu erwarten wäre.

Unter dem Begriff Fertigungsprozessstreuung wird in den aufgezeigten Berechnungsmöglichkeiten die Annahme vorausgesetzt, dass die Messwerte normalverteilt sind (klassischer Ansatz). In Abb. 5.1 ist das Histogramm einer Messreihe eines Produktes innerhalb eines Fertigungsprozesses gezeigt, bei dem eine Normalverteilung angenommen werden kann. Zu sehen sind die klassierten Messwerte, Spezifikationsgrenzen und ein Normalverteilungsmodell-Fit. Des Weiteren sind die Schätzer für Lage von μ sowie die Vielfachen der Standardabweichungen zu erkennen. Innerhalb des Bereiches 6σ (das Sechsfache der geschätzten Standardabweichung) sind bei Annahme eines Normalverteilungsmodells die Messwerte des Fertigungsprozesses mit einer Wahrscheinlichkeit r=99,73 % (P=0,9973) zu erwarten. Die Schätzung der Standardabweichung $\hat{\sigma}$ kann unter Zuhilfenahme folgender Gleichung durchgeführt werden (vgl. Gl. 5.3).

$$\hat{\sigma} = \sqrt{\frac{1}{n-1}\sum_{i=1}^{n}(x_i - \hat{\mu})^2} \tag{5.3}$$

Wird der Flächeninhalt unterhalb des Normalverteilungsfits unter Einbeziehung der gegebenen Spezifikationsgrenzen berechnet, kann der statistisch zu erwartende Ausschuss-

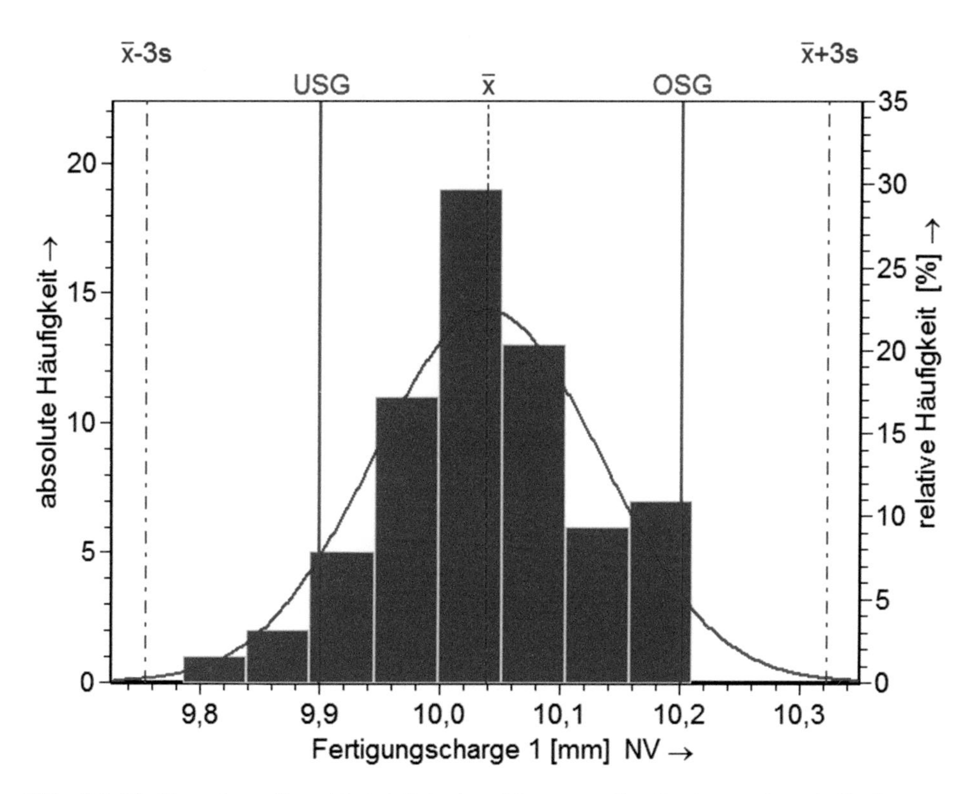

Abb. 5.1 Fit Normalverteilung hinsichtlich einer Messwertreihe (Fertigungscharge); Fertigungsprozessstreuung entspricht $6\hat{\sigma}$ ($\bar{x}$+/-$3\hat{\sigma}$)

anteil berechnet werden. Im Beispiel in Abb. 5.1 beträgt der statistisch zu erwartende Ausschussanteil $P = 0{,}1343 \mathrel{\hat{=}} 13{,}43\,\%$. Die Berechnung der Prozessfähigkeitskennwerte ergibt $C_p = 0{,}53$ und $C_{pk} = 0{,}49$. Wenn als Grenzwerte $C_p = 1{,}67$ und $C_{pk} = 1{,}33$ gewählt würden (Bedeutung und Interpretation: Vgl. Tab. 5.1), würde der Prozess als *nicht qualitätsfähig* bewertet.

Trifft die Annahme normalverteilter Messwerte jedoch nicht zu, wird die Fertigungsprozessstreuung (Bezugslänge) über Quantile abgebildet. Die aufgezeigten Gleichungen (vgl. Gln. 5.1 und 5.2) lauten demnach in geänderter Form (vgl. Gln. 5.4, 5.5 und 5.6):

Tab. 5.1 Beispiele für industriell typische Grenzwerte im Rahmen einer Prozessfähigkeitsanalyse mittels C_p- und C_{pk}-Prozessfähigkeitskennwerten

Nr.	Grenzwert C_p-Wert oder C_{pk}-Wert	Verhältnis aus Prozessstreuung/ Spezifikationsgrenzen	Statistisch zu erwartender Überschreitungsanteil in ppm
1	1,333	8/6	63,300
2	1,667	10/6	0,500
3	2,000	12/6	0,002

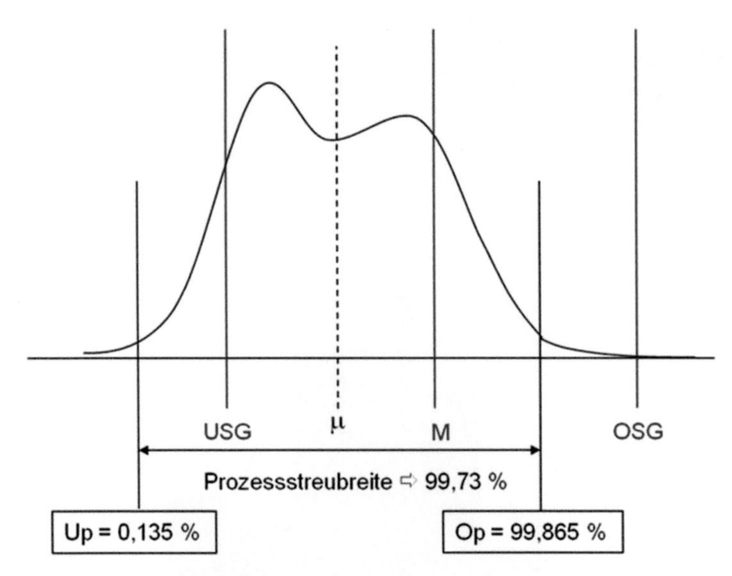

Abb. 5.2 Zweigipfliges Mischverteilungsmodell und 99,73 %-Quantile im Verhältnis zu gegebenen Spezifikationsgrenzen USG und OSG

$$c_p = \frac{Toleranz}{Prozessstreubreite} \tag{5.4}$$

$$c_{pko} = \frac{OSG - \mu}{(99{,}865\% Punkt) - \mu} \tag{5.5}$$

$$c_{pku} = \frac{\mu - USG}{\mu - (0{,}135\% \, Punkt)} \tag{5.6}$$

Das Quantil bildet P = 0,9973 als Analogie zum 6σ-Bereich eines Normalverteilungsmodells. Daher ist die Bezugslänge (Fertigungsprozessstreuung) vergleichbar, beim Quantil-Ansatz jedoch unabhängig vom vorliegenden Verteilungsmodell. Unter Zuhilfenahme des Quantil-Ansatzes können dadurch beispielsweise auch links-/rechtsschief verteilte Messwerte oder auch Mischverteilungen analysiert werden. Die Abb. 5.2 zeigt das entsprechende Prinzip anhand eines zweigipfligen Verteilungsmodells sowie entsprechendem Quantil.

Der kritische Prozessfähigkeitskennwert C_{pk} ist wiederum der kleinere Wert von beiden Indizes C_{pko} und C_{pku} (vgl. Gln. 5.5 und 5.6).

Bei der Durchführung von Prozessfähigkeitsanalysen ist aus Fertigungssicht darauf zu achten, dass sich das Merkmalverteilungsmodell, die Lage sowie die Streuung nicht, wenig oder nur aufgrund bekannter Ursachen ändern sollten. Wenn dies zutrifft, kann von einer Prozessbeherrschung gesprochen werden. Liegt der statistisch zu erwartende Ausschussanteil unterhalb der vereinbarten Grenzwerte (ausgedrückt in der Regel über die Prozessfähigkeitskennwerte C_p und C_{pk}), wird von Qualitätsfähigkeit gesprochen. Liegt sowohl eine Prozessbeherrschung als auch eine Qualitätsfähigkeit vor, kann der Fertigungsprozess als *robust* bezeichnet werden. Die Tab. 5.1 zeigt übliche industrielle Grenzwerte für C_p- und C_{pk}-Prozessfähigkeitswerte: In der Praxis werden diese häufig individuell vereinbart.

Dieser eindeutige Zusammenhang zwischen C_p- respektive C_{pk}-Wert und des statistisch zu erwartenden Überschreitungsanteils (Ausschussquote) bildet die Grundlage für das Kap. 7.1.

5.2 Multivariate Prozessanalyse

Im Gegensatz zur univariaten Prozessfähigkeitsuntersuchung (vgl. Kap. 5.1) basiert die multivariate Prozessfähigkeitsuntersuchung auf mehreren funktionskritischen Produktmerkmalen. Die Analyse mehrerer Merkmale resultiert in einem Prozessfähigkeitskennwert, welcher eine Aussage über die Fertigungsprozessqualität in verdichteter Form erlaubt.

Kleinster Regelkreis der multivariaten Prozessvalidierung ist die Maschinenebene; sie bietet die effizienteste Möglichkeit im Hinblick auf eine nachfolgende Prozessverbesserung hinsichtlich konkreter, funktionskritischer Produktmerkmale: Die Analyse und Bewertung von Produktionsprozessen hat sich im Laufe der industriellen Serienfertigung in den letzten Jahrzehnten entwickelt. Die klassischen Ansätze bestehen in der Auslegung und Führung von Qualitätsregelkarten, der Anwendung von Stichprobenplänen sowie in der zusätzlichen Berechnung von Fähigkeitsindizes auf Basis der gewonnenen Messwerte (vgl. Rinne und Mittag 1995). Diese Fähigkeitsindizes (unterteilt in Maschinenfähigkeitsindizes und vorläufige/langfristige Prozessfähigkeitsindizes) dienen als Grundlage zur Validierung eines Fertigungsprozesses (Bsp.: Prozessstreuung, Prozessversatz, statistisch zu erwartender Ausschuss). In der Regel wird hierbei von normalverteilten Merkmalen ausgegangen (Bsp.: Zahnbohrer-Durchmesser); bei anderen, häufig vorkommenden Verteilungsmodellen – bspw. bei dem Bohrermerkmal *Rundheit*, die Betragsverteilung 1. Art oder Log-Normalverteilung – wird in der Regel die Percentil-Methode verwendet (vgl. Kap. 5.1 und Schulze und Dietrich 2009). In Ausnahmen gelingt dies auch bei mischverteilten Produktmerkmalen bei vorausgesetzter Reproduzierbarkeit.

Diese skizzierte Form der Fähigkeitskennwertberechnung existiert nur für eindimensionale (univariate) Produktmerkmale (Bsp.: Länge, Durchmesser) in standardisierter Form (vgl. DIN ISO 22514-2:2015-06 2015).

Hingegen existieren keine industriellen Standards zur Validierung von multivariaten Produkt- und Prozessmerkmalen (mit mehr als zwei Dimensionen) mittels geeigneter Fähigkeitskennwerte. Multivariate Prozessfähigkeitskennwerte müssen beispielsweise eine Validierung von Fertigungsprozessen bei totaler Merkmalsunabhängigkeit oder auch mehrfachen Merkmalsinterdependenzen sicherstellen können.

Dieses wird im Folgenden an zwei prägnanten funktionskritischen Merkmalen der Zahnbohrerherstellung – welche unter anderem im Mittelpunkt des Forschungsvorhabens stehen sollen – verdeutlicht:

Die Präzisionsfertigung des Zahnbohrers erfolgt in mehreren Schritten, wobei u. a. die Herstellung des Zahnbohrers mittels spitzenlosem Schleifen und der Geometrie des Bohrkopfes durch Verzahnungsschleifen durchgeführt wird (vgl. Abb. 5.3).

Eine Herausforderung stellt das Spitzenlosschleifen in den hier vorliegenden Dimensionen (unterhalb des Bohrerschaftdurchmessers von 2 mm) dar. Rundheitsfehler generieren sich dabei als Überlagerung harmonischer Schwingungen. Prinzipiell sind auf der Werkstückoberfläche charakteristische Welligkeiten vertreten. Die genaue und sehr zeitaufwändige Justierung des Prozesses (hohe Rüstzeit) wird häufig auf der Basis von (empirisch) erworbenem Wissen der Maschinenbediener durchgeführt. Die Analyse technischer Einflussparameter beim Verfahren des Spitzenlosschleifens stand bereits im Mittelpunkt

Abb. 5.3 Maschine zur Herstellung von Dentalprodukten im Produktionsschritt Verzahnungsschleifen. (vgl. Voss und Höchst 2015)

des Forschungsprojektes CEGRIS II (vgl. Cegris 2008; Klocke 2008). Im Mittelpunkt der hier vorliegenden Fallstudien (vgl. Kap. 7) steht im Gegensatz zu CEGRIS II die multivariate Prozessvalidierung, da das Produktmerkmal Rundheit sowie Rundlauf durch mehrere Fertigungsparameter gleichzeitig beeinflusst wird und somit nur durch mehrdimensionale Prozessfähigkeitskennwerte validiert werden kann.

Als zweites Beispiel wird im Folgenden die Herstellung der Zahnbohrerkopfgeometrie mittels Verzahnungsschleifen skizziert. Die Herstellung derselbigen erfolgt durch eine CNC-Maschine unter Verwendung von drei Linearachsen wie auch drei rotatorische Achsen. Ein mehrdimensionaler Fähigkeitskennwert zur Beurteilung des Herstellverfahrens über einen Kennwert muss die Interdependenzen berücksichtigen, die sich aufgrund der CNC-Maschine ergeben könnten.

In beiden aufgezeigten Beispielen verhindern Merkmals-Interdependenzen die Justierung des Fertigungsprozesses auf Basis einer herkömmlichen, eindimensionalen (univariaten) Prozessvalidierung, welche mit einschlägigen Industriestandards durchgeführt wurde.

Der Fokus der mehrdimensionalen Prozessanalyse im Rahmen des vorliegenden Forschungsberichtes liegt nicht auf der verfahrenstechnischen Optimierung: Hier können Wissensadaptationen aus bereits abgeschlossenen Forschungsprojekten mit technischem Fokus, wie CEGRIS II (Fokus: Spitzenloses Schleifen; vgl. Cegris 2008; Klocke 2008, gefördert durch: European Commision), durchgeführt werden. Zum anderen können methodische Ableitungen in Anlehnung an das bereits vom BMBF geförderte Forschungsprojekt GriP (Fokus: u. a. hochgenaue Schleif- und Polierbearbeitung; vgl. GriP 2011) durchgeführt werden.

Im Mittelpunkt der folgenden Ausführungen liegt die Entwicklung einer Systematik zur multivariaten Prozessvalidierung auf Maschinen-Ebene sowie auf Produktionsprozesslinien-Ebene. Sie basiert auf folgenden Bausteinen:

a. Analyse der Voraussetzungen zur multivariaten Prozessbewertung,
b. Messtechnische Aufnahme von mehrdimensionalen Produktmerkmalen,
c. Detektion der Merkmalsinterdependenzen,
d. Entwicklung von Ansätzen zur mehrdimensionalen Beurteilung der Prozessbeherrschung und –fähigkeit.

5.3 Ansätze zur rechnerischen Bestimmung multivariater Fähigkeitsindizes (Beispiele)

Im Folgenden werden vier repräsentative Ansätze zur möglichen Berechnung eines multivariaten Prozessfähigkeitsindizes skizziert: Die Ansätze spiegeln auszugsweise den aktuellen Stand der Wissenschaft und Technik wieder, sind jedoch zur Zeit nicht als Industriestandard verankert.

Zunächst wird der Ansatz von C.H. Yen und W.L. Pearn (vgl. Yen und Pearn 2009) vorgestellt. Die Publikation *Select better suppliers based on manufacturing precision for process with multivariate data* betrachtet ein Lieferantenproblem mit Fokus auf die Produktionspräzision, in der mehrere Qualitätsmerkmale in einem Prozess eingeschlossen werden können. Dabei wurde ein Testprozedere (Signifikanztest) für qualifizierte Fachleute entwickelt, um eine verbesserte, zuverlässigere Entscheidung bezüglich der Auswahl von Lieferanten zu erzielen. Mit Hilfe des univariaten Kennwertes C_p wird festgelegt, ob die Prozesse gleichermaßen fähig sind und damit eine Auswahl des Lieferanten mit der besseren Qualität erlaubt. Dabei ist zu beachten, dass mehrere Prozesse mit homogenen Merkmalen betrachtet werden und nicht mehrere Prozesse mit verschiedenen Merkmalen. Das in der Veröffentlichung genannte Beispiel eines statistischen Testprozedere ist in vier Schritten erläutert und bezieht sich auf zwei Prozesse. Zum einen auf die Null-Hypothese (H_0: $MC_{p1} \leq MC_{p2}$) und zum anderen auf der alternativen Hypothese H_1: $MC_{p1} > MC_{p2}$. Dabei wird der Schätzwert MC_p (multivariate Erweiterung des C_p) genutzt um die Fähigkeit eines Prozesses auf die Überlegenheit eines anderen Prozesses zu beurteilen. Wie bei einem Signifikanztest üblich, wird bei diesem Verfahren auch eine Irrtumswahrscheinlichkeit gewählt (hier: $\alpha = 0{,}05 \triangleq 5\,\%$). Im aufgezeigten Beispiel repräsentieren MC_{p1} und MC_{p2} die Prozessfähigkeitsindizes im Hinblick auf zwei verschiedene Lieferanten. Mit der Division von MC_{p1} durch MC_{p2} erfolgt ein Ergebnis, dass mit einem kritischen Tabellenwert verglichen wird. Dabei wird festgestellt welcher Prozess, hier ausgedrückt durch die Nullhypothese H_0 oder der Alternativhypothese H_1 unter Berücksichtigung eines Vertrauensniveaus (vgl. Papula 2014, S. 301) von $\gamma = 0{,}95$ fähiger ist.

R.L. Shinde und K.G. Khadse (vgl. Shinde und Khadse 2009) zeigen Probleme der Prozessfähigkeit für multivariate, normalverteilte Prozessdaten im Ansatz von Wang und Chen (vgl. Wang und Chen 1998; S. 21–27) auf. Des Weiteren wird verdeutlicht, dass Ungenauigkeiten in der Definition nach Veevers (Statistic Process Monitoring and Optimization. Marcel Dekker: New York, 1999; S. 241–256) auftreten. R.L. Shinde und K.G. Khadse verwenden eine alternative Methode zur Beurteilung von multivariater Prozessfähigkeit basierend auf der empirischen Wahrscheinlichkeitsverteilung von Hauptbestandteilen eines Prozesses (vgl. Shinde und Khadse 2009). Die Methodik basiert auf einer Stichprobe (industrielle und simulierte Daten), die auf der Basis der Verteilung der Anzahl k der zu schätzenden Parameter, der Eigenvektoren der Kovarianzmatrix Σ (empirische Kovarianzmatrix $\triangleq \hat{\Sigma}$) simuliert sind und somit eine empirische Schätzung von wahrscheinlichkeitsbasierten Indizes MC_p und MC_{pk} erhalten.

Einen weiteren Ansatz liefern P.L. Goethals und B.R. Cho *The Development of a Target-Focused Process Capability Index with Multiple Characteristics* (vgl. Goethals und Cho 2011). Die Veröffentlichung beinhaltet eine Aussage über einen multivariaten Prozessfähigkeitsindex, der eine genauere Abschätzung des Qualitätsverlustes bieten kann. Dabei wird ein realistischer Ansatz zur Beurteilung von Prozessfähigkeiten verwendet und eine große Flexibilität bzgl. verschiedener industrieller Anwendungsbereiche erreicht. Als Beispiel wird auf Basis eines rechteckigen Toleranzbereichs ein praxisnaher Ansatz skizziert, der die Umsetzung in die industrielle Praxis beschreibt/ermöglicht.

Der vierte Ansatz von M.I. Awad und J.V. Kovach hat ebenfalls eine Produkt- und Prozessoptimierung zum Ziel (vgl. Awad und Kovach 2011). Dabei wird auf Basis eines *Robusten Designs* eine Kombination aus Experiment und Optimierung eines Systems entwickelt, das sensibel gegenüber unkontrollierbaren Streuungen reagiert. Eine Optimierung von Mittelwert und Standardabweichung wird in das *Robuste Design* integriert. Die Methodik dahinter integriert Faktoren innerhalb der Experimentierphase, sodass zusätzliche Kontrollfaktoren Antwortmodelle schaffen können, die unempfindlich gegenüber internen oder externen Faktoren sind. Der vorgeschlagene Ansatz verwendet nicht-lineare Programmiertechniken um eine Mehrfachreaktion in einzelne objektive Funktionen mit einem multivariaten Fähigkeitsindex zu konstruieren. Aufgrund des multivariaten Prozessfähigkeitsindizes soll der Ansatz von Awad und Kovach 2011 eine hohe Flexibilität haben. Die im Paper aufgezeigten Einsatzbereiche des *Robusten Designs* sind Überwachungs- und Qualitätskontrollen (vgl. Awad und Kovach 2011).

Literatur

Awad, M.I., Kovach, J.V.: Multiresponse optimization using multivariate process capability index. Qual. Reliab. Eng. Int. **27**(4), 465–477 (2011). doi:10.1002/qre.1141

Cegris: Centreless grinding simulation part II. European Commission: CORDIS-Forschungs- und Entwicklungsinformationsdienst der Gemeinschaft. http://cordis.europa.eu/project/rcn/75556_en.html (2008). Zugegriffen: 4. April 2014

DIN ISO 22514-2:2015-06 (D/E): Statistische Verfahren im Prozessmanagement – Fähigkeit und Leistung – Teil 2: Prozessleistungs- und Prozessfähigkeitskenngrößen von zeitabhängigen Prozessmodellen (ISO 22514-2:2013). Beuth Verlag GmbH, Berlin (2015)

Goethals, P.L., Cho, B.R.: The development of a target-focused process capability index with multiple characteristics. Qual. Reliab. Eng. Int. (2011). doi:10.1002/qre.1120

GriP: Entwicklung einer kombinierten Schleif- und Polierbearbeitung für hochgenaue Formeinsätze zum Präzisionsblankpressen in einer Maschine (GriP), http://foerderportal.bund.de/foekat/jsp/SucheAction.do?actionMode=view&fkz=02PK2218 (2011). Zugegriffen: 4. April 2012

Klocke, F.: Rundheitsfehler beim Spitzenlosschleifen. http://www.werkstattstechnik.de/wt/get_article.php?data[article_id]=42561 (2008). Zugegriffen: 4. April 2015

Papula, L.: Mathematische Formelsammlung für Ingenieure und Naturwissenschaftler: Mit zahlreichen Rechenbeispielen und einer ausführlichen Integraltafel. Springer Vieweg, Berlin (2014)

Rinne, H., Mittag, H.-J.: Statistische Methoden der Qualitätssicherung. Hanser Verlag, München (1995)

Schulze, A., Dietrich, E.: Statistische Verfahren zur Maschinen- und Prozessqualifikation. Hanser, München (2009)

Shinde, R.L., Khadse, K.G.: Multivariate process capability using principal component analysis. Qual. Reliab. Eng. Int. **25**, 113–128 (2009). doi:10.1002/qre.954

Veevers, A: Capability indices for multiresponse processes. In: Park, S. H., Vining, G.G. (eds.) Statistical Process Monitoring and Optimization, pp. 241–256 Marcel Dekker: New York (1999)

Voss, S., Höchst, B.: Hager & Meisinger GmbH. http://www.meisinger.de (2015). Zugegriffen: 15. Juli 2015

Wang, F.K., Chen, J.C.: Capability index using principal components analysis. Qual. Eng. **11**(1), 21–27 (1998). doi:10.1080/08982119808919208

Yen, C.H., Pearn, W.L.: Select better suppliers based on manufacturing precision for processes with multivariate data. Int. J. Prod. Res. **47**, 2961–2974 (2009). doi:10.1080/00207540701796985

Einflussgrößen auf die Prozessbewertung in der industriellen Fertigung am Beispiel der Dentaltechnik

6

Im Rahmen des vorliegenden Kapitels werden die Haupteinflüsse auf die Prüf- und Messwertermittlung aufgezeigt und analysiert. Zunächst werden in einer Übersicht die Haupteinflussgrößen aufgezeigt (vgl. Kap. 6.1). Aufbauend darauf wird zunächst die wichtige Einflussgröße *Messwertermittlung mit Schwerpunkt Prüfmittel und Prüfprozess* (vgl. Kap. 6.2) innerhalb der Fallstudie Zahnbohrer analysiert. Im zweiten Schritt werden Merkmals-Interdependenzen untersucht, da diese eine entscheidende Auswirkung auf die Berechnung mehrdimensionaler Prozessfähigkeitskennwerte haben können (vgl. Kap. 6.3). Zum Abschluss werden Überlagerungseffekte zwischen Merkmalskorrelation versus Prüfprozessstreuung untersucht (vgl. Kap. 6.4), da die Streuungseffekte – Bezug: Merkmale – (vgl. Kap. 6.2) eine mögliche Merkmalskorrelation (vgl. Kap. 6.3) überlagern können und diese somit nicht detektierbar sind. Die Umsetzung dieser Untersuchung erfolgt innerhalb der Fallstudie des Dentalproduktes Implantat.

6.1 Übersicht und Grundlagen

Im Rahmen der industriellen Hochpräzisionsfertigung sind viele Möglichkeiten gegeben, welche einen Einfluss auf die Mess- und Prüfprozesse haben können. Zum einen kann der Fertigungsprozess selbst einen Einfluss auf den Prüfprozess haben (z. B. Schwingungen, Temperatur, Staub). Zum anderen können Faktoren des Prüfprozesses respektive des Prüfmittels selbst das Messergebnis beeinflussen. Eine Übersicht über denkbare Einflüsse auf das Messergebnis ist in Abb. 6.1 nach (Neukirch und Dietrich 2011) visualisiert. Auf Basis dieser Übersicht werden nun entscheidende Einflussgrößen untersucht und beurteilt.

Verschiedene Verfahren – wie die C_g-/C_{gk}-Studie oder die Q_{MS}-/Q_{MP}-Studie (Prüfprozesseignungsanalyse) auf Basis des VDA Band 5 (vgl. Kap. 4.1.1 und Verband der Automobilindustrie e. V. Qualitäts Management Center 2011b) – im Bereich der Auto-

S. Bracke, *Prozessfähigkeit bei der Herstellung komplexer technischer Produkte*,
DOI 10.1007/978-3-662-48214-8_6

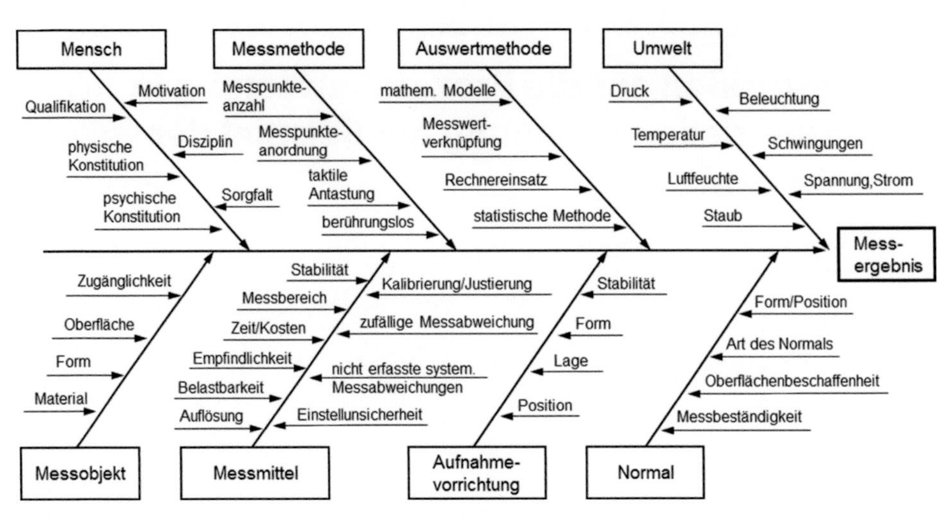

Abb. 6.1 Übersicht möglicher Einflüsse auf die Unsicherheit von Messergebnissen nach (Neukirch und Dietrich 2011)

mobilbranche haben zum Ziel, die in Abb. 6.1 skizzierten Einflüsse zu erfassen und zu analysieren. Die Anwendung der C_g-/C_{gk}-Studie sowie Q_{MS}-/Q_{MP}-Studie wird im Rahmen einer Fallstudie über Zahnbohrer aufgezeigt (vgl. Kap. 6.2). Damit können die wichtigen Einflüsse analysiert und quantifiziert wie auch der Prüfprozess hinsichtlich seiner Eignung bezogen auf das jeweilige Dentalproduktmerkmal beurteilt werden.

6.2 Analyse der Prüfprozesseignung

Zunächst wird der Vermessungsprozess des Zahnbohrers erläutert und im Folgenden das Messmittel auf seine Eignung hinsichtlich der gestellten Prüfaufgabe mit verschiedenen Methoden zur Prüfmittelfähigkeit/Prüfprozesseignung untersucht (vgl. Kap. 4.1).

Die Vermessung eines Zahnbohrers erfolgt berührungslos mit einer optischen Wellenmessung. Dabei handelt es sich um ein System mit einer höchstauflösenden Kamera zur Messung von kleinsten Teilen. Die vollautomatische und optoelektronische Abtastung des Zahnbohrers nach dem Schattenbild-Prinzip ermöglicht das Erfassen und Speichern von Messwerten. Basierend auf der optischen Wellenmessung wird das zu messende Werkstück mit einer Halbleiter-LED-Lichtquelle (telezentrische Optik) angestrahlt. Die Projektion (Werkstück-Schattenbild) auf die Kamera wird von der auf das Messsystem abgestimmten Software kumuliert und in einer Datei hinterlegt. Diese Art der automatischen Vermessung hat eine Reduzierung der Messmittelbedienereinflüsse zur Folge, da nur noch durch die einmalige Einspannung des Bauteils in die Maschine eine minimale Messergebnisstreuung auftreten kann.

In Abb. 6.2 sind links die Hardware und rechts das Messgerät abgebildet. Die Prüfprozesseignungsanalyse kann auf zweierlei Weise durchgeführt werden. Zum einen über die Kurzeitprüfmittelfähigkeitsanalyse (C_g-/C_{gk}-Studie; vgl. Kap. 4.1.1), zum anderen mittels einer

Abb. 6.2 Messgerät zur optischen Vermessung zum Beispiel eines Zahnbohrers. (vgl. Voss und Höchst 2015)

Q_{MS}-/Q_{MP}-Studie, basierend auf der Ausführung des VDA (Band 5) (vgl. Kap. 4.1.2; (Verband der Automobilindustrie e. V. Qualitäts Management Center 2011b) und (GUM 2008)).

Zunächst wird die Kurzeitprüfmittelfähigkeitsanalyse durchgeführt. Wird das Prüfmittel hier als fähig eingestuft, wird im Anschluss eine Prüfprozesseignungsanalyse durchgeführt. Im Mittelpunkt der Fähigkeits- respektive Eignungsanalysen stehen die vier funktionskritischen Bohrer-Merkmale Kopfdurchmesser, Kopflänge, Kopf-Hals-Länge und Rundlauf (vgl. Abb. 1.1). Die komplette Vermessung des Zahnbohrers wird durchgeführt ohne den Einspannvorgang des Bohrers erneut durchzuführen. Die Auflösung des Messsystems wird beispielhaft am Kopfdurchmesser des Zahnbohrers beurteilt. Hierzu werden die Auflösung des Messsystems (hier: 0,001 mm) sowie die Kopfdurchmesser-Toleranz des Bohrers (hier: 0,05 mm) benötigt. Auf Basis der Gl. 4.1 und der damit verbundenen Grenzwertforderung ergibt sich Gl. 6.1.

$$\textit{Auflösung}\ (\%) = \frac{0,001\text{mm}}{0,05\text{mm}} \cdot 100\% = 2\% \leq 5\% \tag{6.1}$$

Werden alle funktionskritischen Bohrer-Merkmale mit demselben Messsystem durchgeführt muss die Auflösung im Hinblick auf jede zu prüfende Toleranz hinsichtlich ihrer Eignung (Grenzwertforderung 5 %; vgl. Gl. 4.1) überprüft werden. Liegt die Eignung hinsichtlich jedes funktionskritischen Merkmals vor, kann die C_g-/C_{gk}-Studie durchgeführt werden: Auf Basis einer Wiederholungsmessreihe am entsprechenden Normal (vgl. Tab. 6.1) wer-

Tab. 6.1 Wiederholungsmessung, Stichprobenkennwerte, Toleranzangaben hinsichtlich der funktionskritischen Bohrermerkmale; Anmerkung: Synthetisch generierte Messwerte

	Funktionskritische Bohrermerkmale			
Nummer	Kopfdurchmesser in mm	Halsdurchmesser in mm	Kopflänge in mm	Kopf-Hals-Länge in mm
Sollwert	0,800	0,630	1,750	8,000
OSG	0,850	0,730	1,950	8,500
USG	0,800	0,530	1,650	7,500
1	0,799	0,646	1,761	7,934
2	0,801	0,645	1,760	7,926
3	0,799	0,646	1,761	7,927
4	0,801	0,647	1,760	7,925
5	0,799	0,646	1,763	7,924
6	0,800	0,646	1,756	7,931
…	…	…	…	…
…	…	…	…	…
…	…	…	…	…
243	0,801	0,646	1,757	7,944
244	0,800	0,646	1,763	7,924
Mittelwert	0,799975	0,645971	1,760156	7,924963
Standard-abweichung	0,001038	0,000618	0,003813	0,009216
Minimum	0,797000	0,644000	1,749000	7,901000
Maximum	0,802000	0,647000	1,770000	7,955000

den die Fähigkeitskennwerte C_g und C_{gk} bestimmt und mit der Grenzwertforderung verglichen. Am Beispiel des funktionskritischen Merkmals *Kopfdurchmesser* ergibt sich:

$$C_{g,Kopfdurchmesser} = \frac{0,2 \cdot 0,05mm}{4 \cdot 0,00104mm} = 2,4038 \tag{6.2}$$

$$C_{gk,Kopfdurchmesser} = \frac{0,1 \cdot 0,05mm - |\,0,79998 - 0,800mm\,|}{2 \cdot 0,00104mm} = 2,3942 \tag{6.3}$$

Die C_g-/C_{gk}-Studie am Beispiel des Kopfdurchmessers (vgl. Gl. 6.2 und 6.3) zeigt, dass beide Fähigkeitskennwerte den Grenzwert von 1,33 (vgl. Gl. 4.4) deutlich überschreiten. Das bedeutet, dass das Prüfmittel als fähig eingestuft wird. Die Anwendung der C_g-/C_{gk}-Studie bei den Merkmalen Halsdurchmesser, Kopflänge und Kopf-Hals-Länge ergibt ebenfalls jeweils eine positive Bewertung des Prüfmittels.

Für die sich anschließende Prüfprozesseignungsanalyse (vgl. Kap. 4.1.2; Verband der Automobilindustrie e. V. Qualitäts Management Center 2011b) werden als nächstes die relevanten Unsicherheitskomponenten, differenziert nach Messsystem und Prüfprozess, benannt.

Messsystem (MS): ⇨ Messabweichung
⇨ Auflösung
⇨ Einstellunsicherheit

Prüfprozess (MP): ⇨ Bedienereinfluss

Für alle weiteren Einflussgröße wird die Annahme getroffen, dass sie den Messprozess nicht beeinflussen und demzufolge nicht in die weitere Berechnung mit einfließen (vgl. Abb. 6.1).

Daran anschließend werden die einzelnen Standardunsicherheiten durch Schätzung (vgl. Methode A; vgl. Kap. 4.1.2) ermittelt. Zur Berechnung der Standardunsicherheit des Messsystems werden die quadrierte Standardunsicherheit des Systems und die quadrierten Standardunsicherheiten der Referenz addiert (vgl. Gl. 6.4).

$$u_{Ms}^2 = u_{cal}^2 + u_{Sys}^2 \tag{6.4}$$

Zur Berechnung der Standardunsicherheit des Messprozesses fließt die quadrierte Standardunsicherheit des Systems mit ein und wird mit den quadrierten Standardunsicherheiten der Referenz addiert (vgl. Gl. 6.4).

$$u_{MP}^2 = u_{ms}^2 + u_{Bediener}^2 = u_{Cal}^2 + u_{Sys}^2 + u_{Bediener}^2 \tag{6.5}$$

Bei der erweiterten Messunsicherheit des Messsystems werden die Standardunsicherheiten aller Einflussgrößen des Systems addiert und die Wurzel gezogen. Anschließend wird der Term mit zwei (d. h. Erweiterungsfaktor k=2; entspricht Sicherheit von 95,45 %) multipliziert (vgl. Gl. 6.6).

$$U_{MS} = 2\sqrt{\sum_{i=1}^{m} u_i^2} \tag{6.6}$$

Darüber hinaus erfolgt die Prüfung der erweiterten Messunsicherheit des Messprozesses. Dabei werden die Standardunsicherheiten aller Einflussgrößen des Prozesses addiert, ebenfalls die Wurzel gezogen und anschließend mit zwei (d. h. Erweiterungsfaktor k=2; entspricht Sicherheit von 95,45 %) multipliziert (vgl. Gl. 6.7).

$$U_{MP} = 2\sqrt{\sum_{i=1}^{m} u_i^2} \tag{6.7}$$

Die resultierenden Ergebnisse sind die Unsicherheit des Messsystems respektive Messprozess. Auf dieser Basis wird abschließend innerhalb einer Messsystembewertung (vgl. Gl. 6.8) und Prüfprozessbewertung (vgl. Gl. 6.9) eine abschließende Beurteilung unter Zuhilfenahme von Eignungskennwerten durchgeführt.

$$Q_{MS} = \frac{2 \cdot U_{MS}}{T} \cdot 100\% \tag{6.8}$$

$$Q_{MP} = \frac{2 \cdot U_{MP}}{T} \cdot 100\% \tag{6.9}$$

Auf Basis der Ergebnisse der Eignungskennwerte kann eine Eignung des Prüfgerätes festgestellt werden. Die Grenzwertanforderungen des Messsystems lautet $Q_{MS} \leq 15\,\%$. Ist das Ergebnis kleiner als 15 %, ist das Messsystem geeignet. Für den Prüfprozess ist ein Grenzwert von $Q_{MP} \leq 30\,\%$ entscheidend. Ist das Ergebnis der Berechnung kleiner als 30 %, ist der Prüfprozess geeignet, überschreitet er die 30 % ist der Prüfprozess nicht geeignet (vgl. GUM 2008).

6.3 Analyse der Merkmalsabhängigkeit als Voraussetzung zur Prozessbewertung

Die Analyse der Merkmalsabhängigkeit befasst sich mit den funktionskritischen Merkmalen, die im Fallbeispiel des Zahnbohrers den Kopfdurchmesser, die Kopflänge, die Kopf-Hals-Länge und den Rundlauf betreffen. Die Abhängigkeit der Merkmale wird unter Zuhilfenahme einer Korrelationsanalyse (vgl. Kap. 4.3) untersucht. Liegt eine Abhängigkeit vor, beeinflussen sich die Merkmale im Rahmen des Herstellungsprozesses gegenseitig. Liegt der Wert des errechneten Korrelationskoeffizienten r (nach Pearson) oberhalb von 0,5, wird eine Abhängigkeit angenommen (vgl. Cramer und Kamps 2014).

Zunächst wird davon ausgegangen, dass die Merkmalverteilungsmodelle nicht bekannt sind. Daher wird nicht der Korrelationskoeffizient nach Bravais-Pearson r (Voraussetzung bivariat normalverteilt; vgl. Kap. 4.3.1), sondern nach Spearman r_s gewählt (rangbasiert, verteilungsunabhängig; vgl. Kap. 4.3.2).

In der Abb. 6.3 ist in einer Korrelationsmatrix das Verteilungsmodellfit je Merkmal sowie die Rangkorrelationskoeffizienten je Merkmalspaar aufgeführt: Die Berechnung von Spearmans r_s im Hinblick auf die Paarungen der vier funktionskritischen Merkmale ergibt Rangkorrelationskoeffizienten von annähernd Null.

Die Korrelationskoeffizienten lassen den Schluss zu, dass keine Korrelation zwischen den einzelnen Merkmalen besteht. Da alle Koeffizienten $r \leq 0{,}5$ sind, kann davon ausgegangen werden, dass alle Merkmale voneinander unabhängig sind. Die Unabhängigkeit der Merkmale hat einen entscheidenden Einfluss auf die Wahl des Verfahrens zur Bestim-

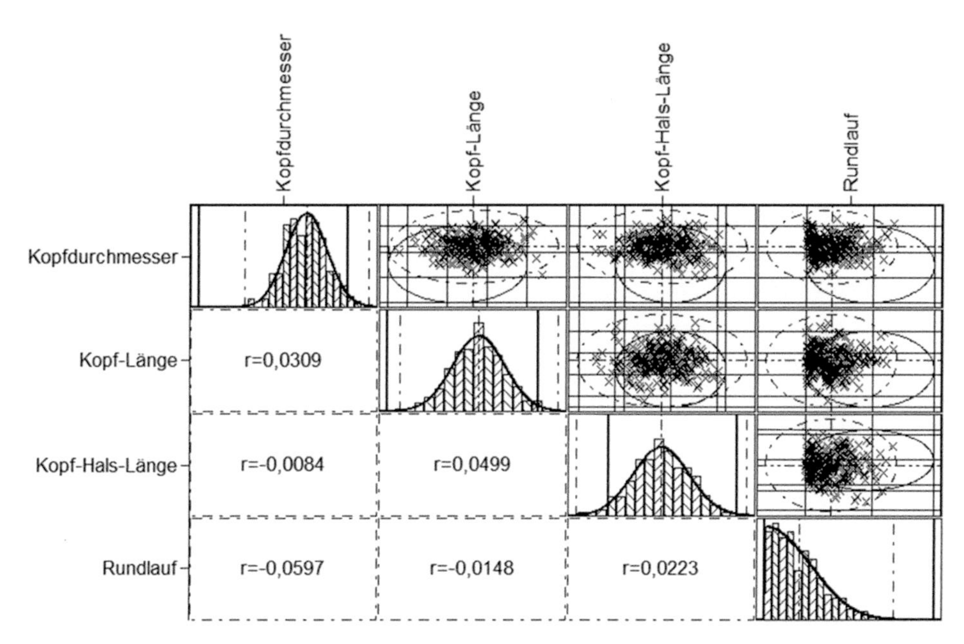

Abb. 6.3 Korrelationsmatrix hinsichtlich der vier funktionskritischen Merkmale auf Basis einer Korrelationsanalyse nach Spearman

mung eines mehrdimensionalen Überschreitungsanteils und Prozessfähigkeitskennwertes (vgl. Kap. 7) wie auch auf die sich anschließende Fertigungsprozesssteuerung.

6.4 Untersuchung von Überlagerungseffekten bei Prüf- versus Herstellprozessstreuungen

Im Rahmen des vorliegenden Kapitels werden potentielle Überlagerungseffekte zwischen Merkmalskorrelation versus Prüfprozessstreuung untersucht. Hintergrund ist, dass Streuungseffekte bedingt durch den Prüfprozess (vgl. Kap. 6.2) eine mögliche Merkmalskorrelation (vgl. Kap. 6.3) überlagern können und somit dieselbigen nicht detektierbar sind. Die Umsetzung dieser Untersuchung erfolgt innerhalb der Fallstudie zum Dentalprodukt (Implantat) (vgl. Kap. 6.4.1).

6.4.1 Grundlagen des Fertigungsprozesses zum Dentalprodukt Implantat

Das vorliegende Fallbeispiel behandelt die Fertigungsprozesse und Datenanalyse eines Dentalimplantates. Dentalimplantate dienen als Zahnwurzelersatz und werden im Rahmen eines chirurgisch invasiven Eingriffs in den Kieferknochen implantiert. Die Implantate sind so ausgelegt, dass sie eine prothetische Versorgung aufnehmen können. Dies erfolgt in der Regel über die kraftschlüssige Verbindung zu einem Abutment, welches wiederum die Grundlage für eine Krone darstellt. Es existieren alleine in Deutschland über ca. 300 verschiedene Implantatsysteme. Diese unterscheiden sich sowohl bezüglich des Außendesigns als auch bzgl. der Schnittstelle zum Abutment zu Teil erheblich. Zur Abdeckung eines möglichst breiten Einsatzspektrums werden die Implantate bei allen Systemen in verschiedenen Varianten angeboten. In der Regel variieren die Durchmesser der Produkte zwischen 3 und 5 mm und die Implantatlängen zwischen 5 und 18 mm. Dentalimplantate werden in engsten Toleranzen gefertigt. Dies betrifft sowohl die Außen- als auch die Innengeometrie. Übliche Fertigungstoleranzen liegen im Bereich von 0,01 mm. Eine Überschreitung dieser Toleranzen führt unmittelbar zu funktionalen Einschränkungen (keine keimdichte Verbindung zwischen Implantat und Aufbau; erhöhtes Bruchrisiko). Übliche Dentalimplantate verfügen in der Regel über ein Außengewinde, welches der Verankerung im Kieferknochen dient. Die Innenkontur dient der Aufnahme und Verankerung des Abutment. Die äußere Oberfläche der Implantate ist in der Regel mit einer speziellen Struktur versehen, die ein schnelles Einwachsen der Produkte im Knochen begünstigt. Dentalimplantate werden üblicherweise aus Reintitan vom Grad 4 gefertigt. Die funktionskritischen Merkmale der Implantate sind sehr vielfältig. Alle Außendurchmesser und Längenmaße sind kritisch, da diese exakt auf die Bohrwerkzeuge abgestimmt sind. Das Gleiche gilt für die Gewindegeometrie. Alle Maße der Innenkontur können ebenfalls als kritisch angesehen werden, da deren Lage über die Passgenauigkeit der Verbindung zwischen Implantat und Aufbau entscheidet.

Die wesentliche Wertschöpfung der Herstellung des Implantates erfolgt mittels einem CNC-Drehzentrum (vgl. Abb. 6.4). Als Ausgangsmaterial wird Titan-Stangenmaterial eingesetzt, das über ein Lademagazin zugeführt wird. Am Material werden über zahlreiche verschiedene Zerspanungsprozesse (Dreh-, Fräs-, Bohr-, Wirbel-, Stoßprozesse) die notwendigen Geometrien erstellt. Herstellungstechnisch besonders anspruchsvoll ist die Fertigung der Innenkontur. Ein wichtiges Ziel des Zerspanungsprozesses ist, dass das Produkt möglichst gratfrei fertiggestellt wird. Daher werden noch auf der Maschine zusätzliche Entgratprozesse durchgeführt. Die Zwischenprodukte werden vereinzelt auf Paletten zwischengelagert, bis das vollständige Fertigungslos fertiggestellt ist. Anschließend werden die Produkte in einem validierten Reinigungsverfahren gereinigt. Bei der Reinigung verbleiben die Produkte auf den Paletten. Um alle Fertigungsrückstände auf den Produkten zu beseitigen, erfolgt die Reinigung bei erhöhter Temperatur unter Einsatz von Ultraschall. Nach der Reinigung werden die Produkte zunächst gestrahlt. Dadurch wird die Oxidschickt auf dem Titan beseitigt und eine Makrorauigkeit von 20–40 µm erzeugt. Verwendet wird dazu ein spezielles Strahlgut aus Al2O3. Nach dem Strahlen werden die Produkte in einem mehrstufigen Verfahren geätzt. Damit nur die Außenkontur geätzt wird, werden die Produkte auf eine spezielle Vorrichtung geschraubt, die

Abb. 6.4 Einsatz eines CNC-Drehzentrums zur Herstellung eines Implantates. (vgl. Voss und Höchst 2015)

die Innenkontur flüssigkeitsdicht verschließt. Durch den Ätzvorgang wird auf der Oberfläche eine Mikrorauigkeit von 2–4 μm erzeugt. Im letzten Fertigungsschritt wird die sog. Schulter des Implantates poliert. Ziel ist, dass dieser Bereich des Implantates eine möglichst glatte Oberfläche aufweist, um die dort anliegende Gingiva (Zahnfleisch) vor Reizungen und Entzündungen zu schützen. Abschließend erfolgt erneut eine vollständige Reinigung des Produktes.

Die wesentlichen Fertigungsprüfungen an dem Produkt erfolgen während und nach der spanenden Bearbeitung auf dem CNC-Drehzentrum. Als zentrales Messmittel wird dabei eine computergesteuerte Messmaschine eingesetzt, die das Produkt sowohl taktil als auch optisch vermisst. Darüber hinaus kommen Messmikroskope und Bügelmessschrauben zum Einsatz. Verschiedene Merkmale der Innenkontur werden auch lehrend geprüft. Zu Beginn eines jeden Fertigungsloses erfolgt beim Erstteil eine vollständige Vermessung und Dokumentation aller Merkmale. In der Folge wird einem Prüfplan folgend in definierten Zeitabständen eine Stichprobe entnommen, bei der die kritischen Merkmale überprüft werden. Das Innengewinde wird zu 100 % lehrend geprüft. Bei jeder Maß-Prüfung wird auch eine optische Prüfung des bzw. der Teile durchgeführt. Die Prüfumfänge sind dabei auf der Basis einer Prozessvalidierung festgelegt worden. Die Oberflächenbearbeitung der Produkte wird rein visuell anhand von Gut-/Schlechtmustern unter dem Mikroskop geprüft.

6.4.2 Untersuchung potentieller Überlagerungseffekte

Im Folgenden wird ein pragmatischer Ansatz zur Untersuchung der Überlagerungseffekte von Merkmalskorrelation versus Prüfprozessstreuung skizziert und am Fallbeispiel Dentalprodukt Implantat, (Merkmalspaar Planfläche/Konzentrizität) angewendet. Zunächst wird die Prüfprozessstreuung im Rahmen einer erweiterten C_g-/C_{gk}-Studie ermittelt. Im Normalfall berücksichtigt die C_g-/C_{gk}-Studie lediglich eine Wiederholungsmessung an dem selbigen Messobjekt (bspw. Einstellnormal; vgl. Kap. 4.1.2). Abweichend hiervon wird im Rahmen der vorliegenden Fallstudie der komplette Prüfprozess (inklusive des manuellen Einspannprozesses) in einer Wiederholungsmessreihe durchgeführt. Ziel ist die Ermittlung der Gesamtstreuung des Messsystems. Im Fallbeispiel Dentalprodukt Implantat wurde eine Messreihe mit 39 Messungen (Wiederholmessung des kompletten Prüfprozesses) durchgeführt. Das bedeutet, dass das Referenz-Werksstück nach jeder Messung aus der Messmaschine entfernt und erneut in die Messmaschine eingespannt wird. Bei der Wiederholungsmessung wird dann nicht nur der Prozess des Messens berücksichtigt, sondern auch der Werkereinfluss bei der Wiedereinspannung des Produktes.

Bekannt ist nun die jeweilige Gesamtstreuung je Merkmal bezogen auf den Prüfprozess; beispielsweise für folgende Merkmale:

a. Merkmal Planfläche Innen/Außen 4s = 0,03168 mm
b. Merkmal Konzentrizität 4s = 0,02523 mm

Im zweiten Schritt wird eine Charge des Dentalproduktes (verschiedene Teile; $n = 39$) vermessen. Als Ergebnis liegt für jedes der $n = 39$ Produkte jeweils ein Messwertsatz vor, u. a. das hier betrachtete Merkmalspaar Planfläche/ Konzentrizität. Diese Merkmalspaarung zeigt keine signifikante Korrelation, weder nach Basis Bravais-Pearsons r, noch Spearmanns r_s (vgl. Kap. 4.3) (Pfeifer 2001).

Zu jedem Merkmalspaar (*original* Messwert) werden nun Zufallswerte innerhalb der Grenzen des jeweiligen Prüfprozessstreubereiches ($\gamma = 0{,}95$ und entspricht einem Vertrauensniveau von 95 %) – annähernd innerhalb des maximal möglichen Streubereiches, bedingt durch das Prüfsystem – synthetisch generiert. Durch diese Zufallswerte wird die Durchführung von zahlreichen Messreihen, unter der Bedingung der zuvor bestimmten Prüfprozessstreuung, simuliert.

Dies wird in zwei Studien durchgeführt. In der ersten Studie (Alpha) werden $n_1 = 100$ Wiederholungsmessungen auf Basis der 39 Messungen generiert. In der zweiten Studie (Beta) werden 1000 Wiederholungsmessungen generiert. Das bedeutet, dass beide Merkmale jeweils 39 Werte innerhalb $n_1 = 100$ respektive $n_2 = 1000$ Messungen aufweisen, die in dem jeweiligen Prüfprozessstreubereich liegen.

Im Anschluss daran werden bei den synthetisch erzeugten Messreihen Korrelationsanalysen zum Merkmalspaar Planfläche/Konzentrizität durchgeführt. Wird innerhalb der

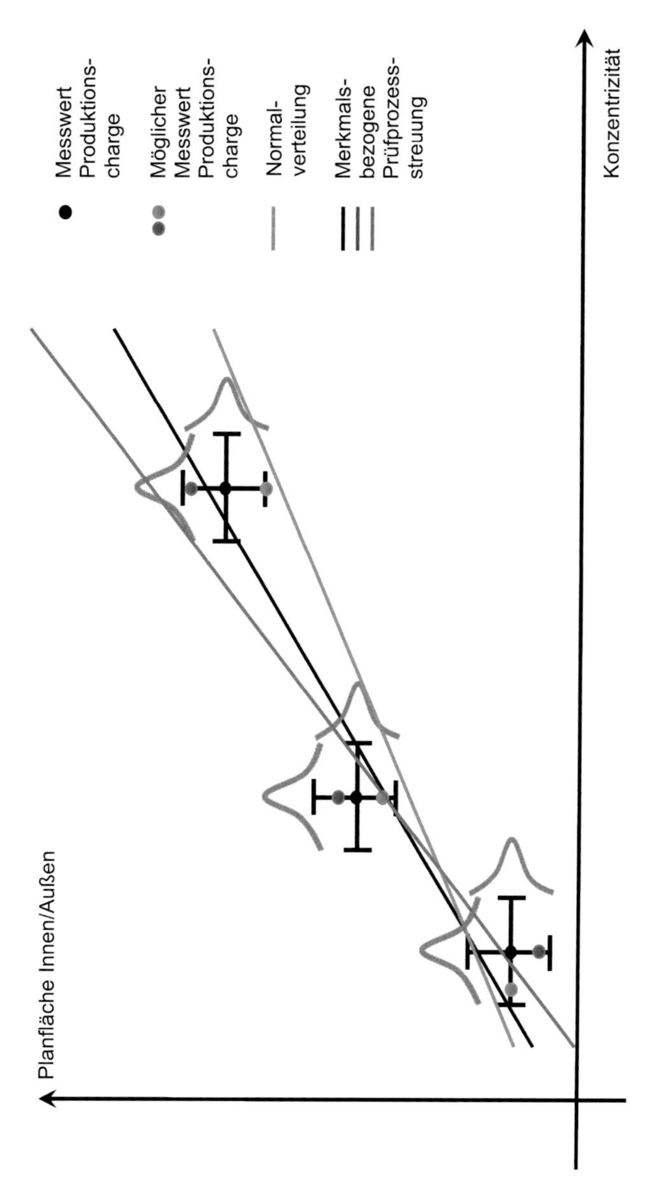

Abb. 6.5 Prinzipskizze der Korrelationsanalyse des Merkmalspaares Planfläche/Konzentrizität unter Berücksichtigung einer merkmalsbezogenen Prüfprozessstreuung hinsichtlich der Merkmale Planfläche Innen/Außen sowie der Konzentrizität

beiden Fallstudien (Alpha und Beta) keine Korrelation gefunden, kann davon ausgegangen werden, dass eine potentielle Korrelation beim Merkmalspaar der Charge (n=39 Werkstücke) nicht durch die Prüfprozessstreuung der jeweiligen Merkmale überlagert wird. Das Prinzip ist innerhalb der Skizze in Abb. 6.5 zu erkennen.

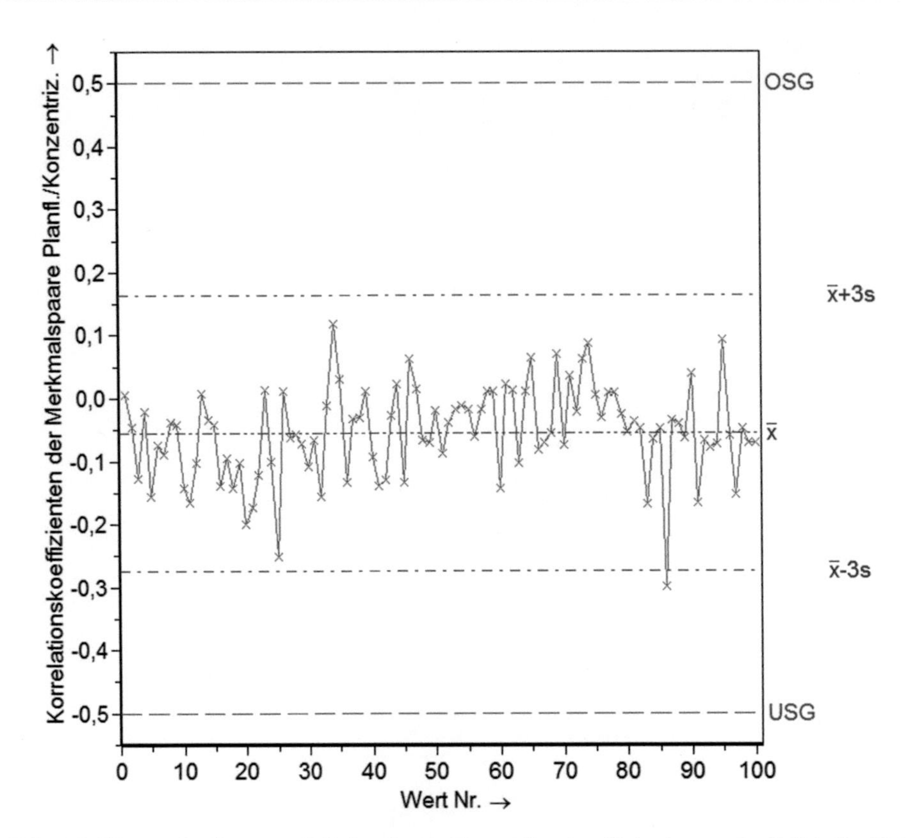

Abb. 6.6 Werteverlauf von $n_1 = 100$ simulierten Korrelationskoeffizienten aus der Fallstudie Alpha zum Merkmalspaar Planfläche/Konzentrizität

In der Abb. 6.5 ist auf der x-Achse das Merkmal Konzentrizität und auf der y-Achse das Merkmal Planfläche Innen/Außen abgebildet. Die schwarzen Punkte in der Abbildung stellen die reellen Messwerte (erste Produktionscharge $n = 39$) dar. Jeder Punkt entspricht einem Wertepaar (Planfläche Innen/Außen/Konzentrizität). Zu jedem Punkt wird die potentielle, annähernd maximale Abweichung des Messwertes aufgrund der zuvor ermittelten Prüfprozessstreuung (4σ; $\gamma = 0{,}95$) gezeigt. Die Kurven über den parallel der Achsen verlaufenden Bereiche zeigen schematisch die Prüfprozessstreuung analog eines Normalverteilungsmodells.

Ergebnisse der Studie Alpha mit n1 = 100 Messwerten

In der Abb. 6.6 sind die Ergebnisse des Werteverlaufs der Korrelationsanalysen auf Basis von $n_1 = 100$ simulierten Vermessungen des Merkmalspaars Planfläche/Konzentrizität dargestellt.

Der Werteverlauf der Korrelationskoeffizienten in Abb. 6.6 zeigt, dass die Korrelationskoeffizienten um den Mittelwert von $\mu = -0{,}05$ streuen (Standardabweichung $\sigma = 0{,}0729$).

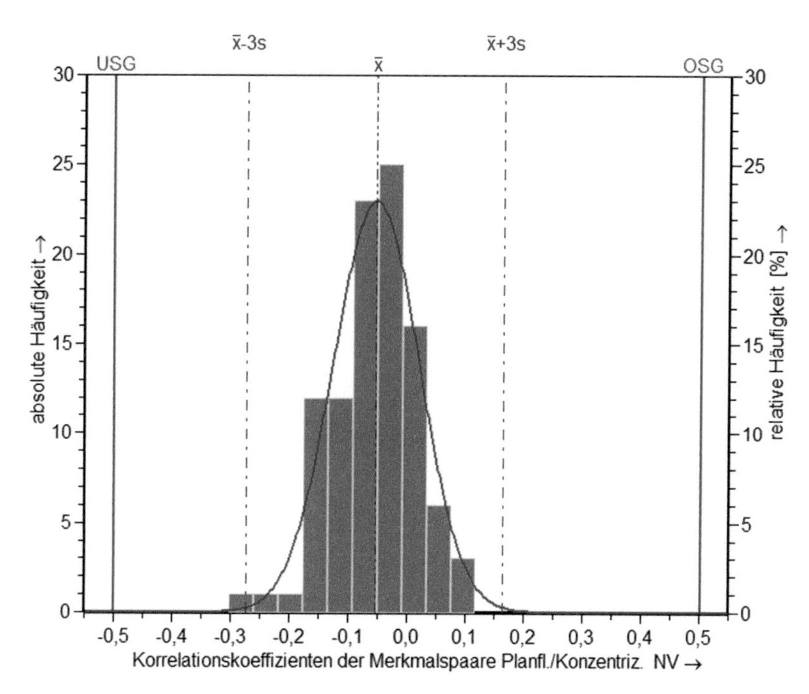

Abb. 6.7 Histogramm (angefittetes Normalverteilungsmodell) zu ermittelten Korrelationskoeffizienten auf Basis 100 simulierter Messungen zum Merkmalspaar Planfläche/Konzentrizität der Studie Alpha

Des Weiteren ist zu erkennen, dass ein Wert außerhalb des Streubereiches 6σ existiert, jedoch auch dieser betragsmäßig größere Korrelationskoeffizient nicht auf eine Abhängigkeit hinweist.

Auf Basis des Werteverlaufes (vgl. Abb. 6.6) wird ein Verteilungsmodell des Regressionskoeffizienten ermittelt (vgl. Abb. 6.7). Im Allgemeinen kann bei einem Korrelationskoeffizienten von $r \geq 0{,}5$ respektive $r \leq -0{,}5$ von einer Korrelation ausgegangen werden (vgl. Cramer und Kamps 2014). Auf Basis des angefitteten Verteilungsmodells kann der statistisch zu erwartende Anteil der Korrelationskoeffizienten im Bereich $r \leq -0{,}5$; $r \geq 0{,}5$ zu $p = 0{,}00001\,\%$ ermittelt werden. Daher ist eine Korrelation des betrachteten Merkmalspaares Planfläche/Konzentrizität unter Berücksichtigung der existierenden Prüfprozessstreuung auf Basis der simulierten Messreihen nicht zu erwarten.

Ergebnisse Studie Beta mit n1 = 1000 Messwerten

Die zweite Studie Beta mit $n_1 = 1000$ wird nach demselben Verfahren durchgeführt wie die Studie Alpha, jedoch werden 1000 Messvorgänge für die Merkmalspaarung Planfläche/ Konzentrizität simuliert und die Korrelationsanalyse auf Basis dieser Werte durchgeführt. In der Abb. 6.8 ist der Werteverlauf, in Abb. 6.9 die Häufigkeitsverteilung des Korrelationskoefizienten r nach Pearson dargestellt.

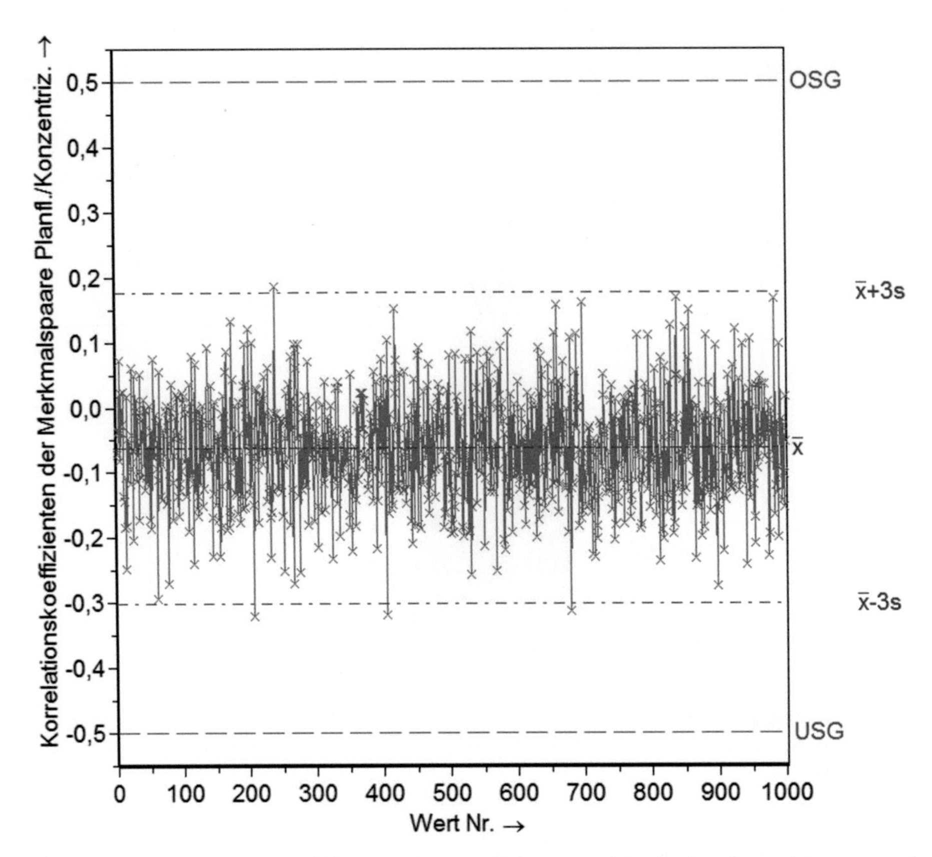

Abb. 6.8 Werteverlauf von 1000 Korrelationskoeffizienten auf Basis simulierter Messungen des Merkmalspaares Planfläche/Konzentrizität der Beta Studie

Der Werteverlauf der Korrelationskoeffizienten (Mittelwert $\mu = -0{,}0626$; Standardabweichung $\sigma = 0{,}0797$) zeigt vier Werte außerhalb des 6σ –Bereiches, jedoch deutlich unterhalb der Schwelle zu einer möglichen Korrelation im Bereich $|r| \geq 0{,}5$.

Die Verteilung (angefittete Normalverteilung) des Korrelationskoeffizienten ist in Abb. 6.9 zu sehen. Wie bereits in der Studie Alpha ist der statistisch zu erwartende Anteil der Korrelationswerte im Bereich ($r \leq -0{,}5$; $r \geq 0{,}5$) sehr gering: Die Wahrscheinlichkeit liegt bei $p = 0{,}00001\,\%$. Daher ist eine Korrelation des betrachteten Merkmalspaares Planfläche/Konzentrizität unter Berücksichtigung der existierenden Prüfprozessstreuung nicht zu erwarten.

Innerhalb der beiden Fallstudien (Alpha und Beta) ist der statistisch zu erwartende Anteil potentieller Korrelationen ($r \leq -0{,}5$; $r \geq 0{,}5$) innerhalb der simulierten Messreihen, mit einer Wahrscheinlichkeit von 1:100000, sehr gering. Die Vorgehensweise erlaubt damit eine erste pragmatische Einschätzung, ob eine potentielle Korrelation bei Merkmalspaaren durch eine Prüfprozessstreuung überlagert sein könnte: Innerhalb der vorliegenden Fallstudie kann davon ausgegangen werden, dass eine Überlagerung nicht vorliegt.

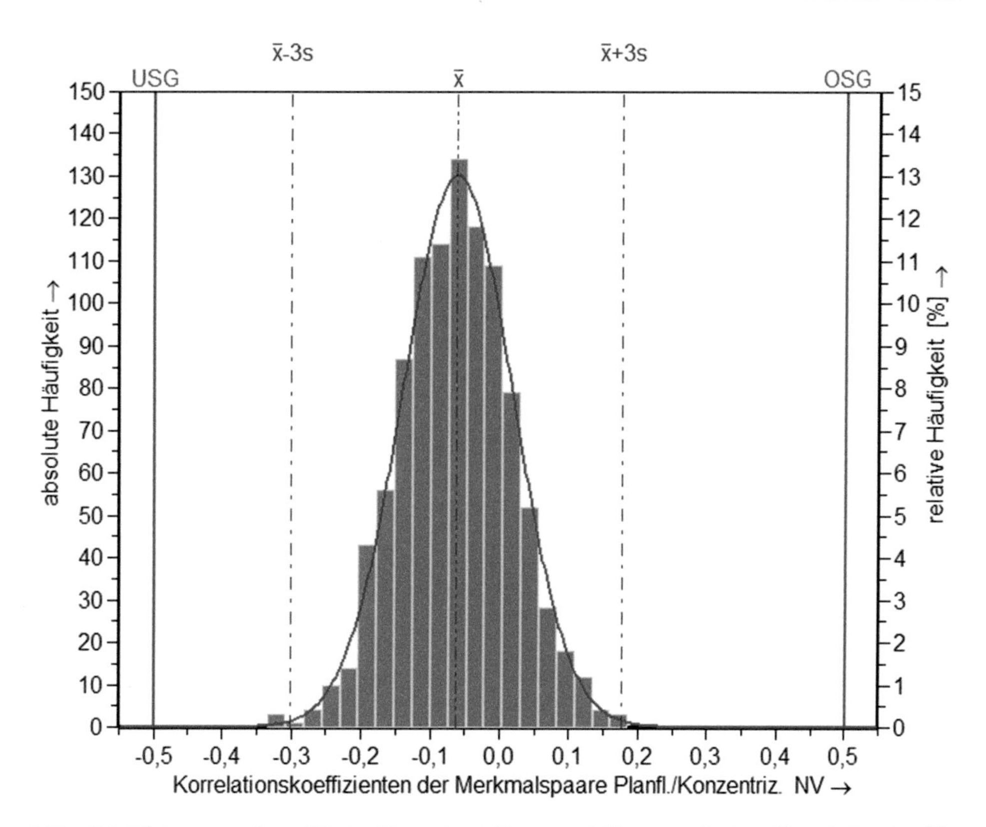

Abb. 6.9 Histogramm (angefittetes Normalverteilungsmodell) zu ermittelten Korrelationskoeffizienten auf Basis 1000 simulierter Messungen zum Merkmalspaar Planfläche/Konzentrizität der Studie Beta

Literatur

Cramer, E., Kamps, U.: Grundlagen der Wahrscheinlichkeitsrechnung und Statistik: Ein Skript für Studierende der Informatik, der Ingenieur- und Wirtschaftswissenschaften. Springer Spektrum, Berlin (2014)

GUM: Uncertainty of measurement – Part 3: Guide to the expression of uncertainty in measurement (GUM:1995). http://www.iso.org/iso/home/store/catalogue_tc/catalogue_detail.htm?csnumber=50461 (2008). Zugegriffen: 18. Nov. 2014

Pfeifer, T.: Qualitätsmanagement: Strategien, Methoden, Techniken; mit 3 Tabellen. 3. Hanser Verlag, München (2001)

Verband der Automobilindustrie e. V. Qualitäts Management Center: Bd. 5: Prüfprozesseignung, Eignung von Messsystemen, Mess- und Prüfprozessen, Erweiterte Messunsicherheit, Konformitätsbewertung. Eigenverlag, Berlin (2011b)

Neukirch, C., Dietrich, E.: Messsystem und Messprozess sind zweierlei. Quälitat und Zuverlässigkeit, QZ Jahr gang 56, QZ 04/2011, S 16 – 20, München, (2011)

Voss, S., Höchst, B.: Hager & Meisinger GmbH. http://www.meisinger.de (2015). Zugegriffen: 15. Juli 2015

7 Ansätze zur mehrdimensionalen Prozessbewertung

Das vorliegende Kapitel beschreibt verschiedene Ansätze zur mehrdimensionalen Fertigungsprozessbeurteilung. Die Ausgangsbasis hierfür bilden die Vorphasen und Methoden zur univariaten Produktionsprozessanalyse (vgl. Kap. 7.1). Nachfolgend wird der prinzipielle Zusammenhang zwischen C_p-/C_{pk}-Index (univariat) und Ausschussquote (ppm $\triangleq 10^{-6}$) skizziert. Ist die Ausschussquote bekannt, kann über den funktionalen Zusammenhang von C_p-/C_{pk}-Index (univariat) und Ausschussquote (ppm $\triangleq 10^{-6}$) ein multivariater Fähigkeitsindex bestimmt werden (vgl. Kap. 7.2). Dieser Zusammenhang stellt die Grundlage für die vier folgenden Ansätze zur Bestimmung eines Fähigkeitsindex auf Basis einer Ausschussquote unter Berücksichtigung von mehr als einem funktionskritischen Merkmal dar (vgl. Kap. 7.3–7.6). Voraussetzung bei jedem Ansatz bildet die Analyse der Abhängigkeit/Unabhängigkeit der funktionskritischen Merkmale. Je nach Verteilungsmodell der betrachteten Merkmale kann nun der passende Ansatz gewählt werden:

Innerhalb des ersten Ansatzes werden die Merkmale separat analysiert, Verteilungsmodelle angepasst und die Ausschusswahrscheinlichkeit über die Verknüpfung der Einzelwahrscheinlichkeiten bestimmt (vgl. Ansatz 1-WS; Kap. 7.3).

Der zweite Ansatz (vgl. Ansatz 2-NV; Kap. 7.4) berücksichtigt funktionskritische Merkmale, welche durch ein multivariates Normalverteilungsmodell abgebildet werden können. Dieser Ansatz kann ausschließlich bei unabhängigen (und normalverteilten) Produktmerkmalen durchgeführt werden.

Über den Ansatz (vgl. Ansatz 3-WV; Kap. 7.5), welcher im Kern auf einer multivariaten Weibullverteilung basiert, können – anders als bei der Normalverteilung – auch nicht normalverteilte Merkmale, wie bspw. links-/rechtsschief verteilte Merkmale, direkt in die Berechnung mit einfließen.

Der vierte Ansatz (vgl. Ansatz 4-TSNV; Kap. 7.6) eignet sich für abhängige und unabhängige Merkmale. Zunächst wird eine Transformation beliebig vieler abhängiger und

S. Bracke, *Prozessfähigkeit bei der Herstellung komplexer technischer Produkte*,
DOI 10.1007/978-3-662-48214-8_7

unabhängiger Merkmale auf die multivariate Normalverteilung durchgeführt. Anschließend bildet die empirische Kovarianzmatrix eines Datensatzes Σ sowie der Vektor der Mittelwerte μ den Kern des Ansatzes. Durch eine Monte-Carlo-Simulation werden die Kovarianzen abgebildet und die Ausschusswahrscheinlichkeit über eine simulierte, mehrdimensionale Normalverteilung bestimmt. Der Vorteil liegt in der simulationstechnischen Betrachtung der Kovarianzen, sodass abhängige Merkmale ebenfalls abgebildet werden können.

7.1 Grundlagen und Vorphasen zur mehrdimensionalen Produktionsprozessanalyse

Die mehrdimensionale Produktionsprozessanalyse in der laufenden Serienfertigung setzt Vorarbeiten in der Entwicklungs- und Produktionsplanungsphase voraus. Einen Überblick zu den Vorstufen und der sich daraus ergebenden Ausgangsbasis wird in Abb. 7.1 (vgl. Bracke et al. 2013) aufgezeigt. Die horizontale Achse zeigt die Vorstufen: Entwicklungsphase, Prüfprozesseignung, Maschinenfähigkeitsuntersuchung sowie Prozessfähigkeitsuntersuchung. Den jeweiligen Vorstufen sind die notwendigen Aktivitäten als Voraussetzungen zur Bestimmung eines mehrdimensionalen Prozessfähigkeitsindizes zugeordnet. Die Zuordnung der Aktivitäten auf der vertikalen Achse zeigt qualitativ den Fortschritt auf.

Vom Bauteil ausgehend werden zunächst Toleranzen und Fertigungseinflüsse untersucht (vgl. Entwicklungsphase). Im Anschluss werden in der Phase *Prüfprozesseignung*

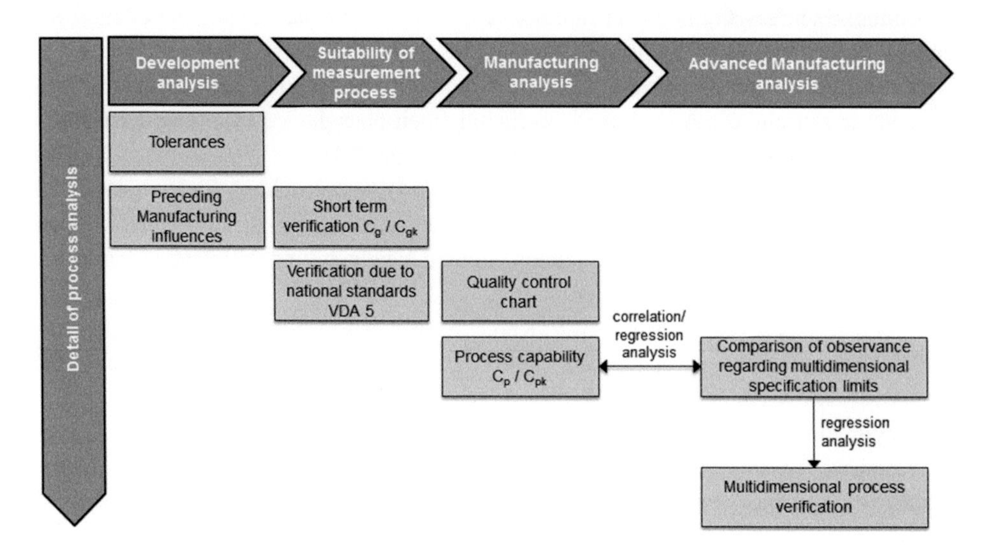

Abb. 7.1 Vorphasen und Aktivitäten zur mehrdimensionalen Prozessfähigkeitsanalyse. (vgl. Bracke et al. 2013)

Analysen von Mess- und Prüfsystemen durchgeführt (vgl. Kap. 4.1: C_g-/C_{gk}-Studien; Prüfprozesseignung; Q_{MS}-/Q_{MP}-Studie nach Verband der Automobilindustrie e. V. Qualitäts Management Center 2011b). Unter Zuhilfenahme geeigneter Mess- und Prüfsysteme werden in der folgenden Phase herkömmliche univariate Fertigungsprozessanalysen (Maschinenfähigkeitsanalyse, Qualitätsregelkarten, von C_p-/C_{pk}-Fähigkeitsindizes; vgl. Kap. 5.1) vorgenommen.

Die erweiterte Fertigungsprozessanalyse umfasst die mehrdimensionale Produktionsprozessanalyse: Über den Zusammenhang C_p-/C_{pk}-Index und statistisch zu erwartender Ausschussquote können unter Verwendung mehrerer Ansätze mehrdimensionale Prozessfähigkeitsbewertungen erstellt werden.

7.2 Das Prinzip: Zusammenhang zwischen C_p-/C_{pk}-Index und Ausschussquote

Ausgangspunkt für die Bestimmung einer Prozessfähigkeit auf Basis mehrerer wichtiger, funktionskritischer Merkmale ist der Zusammenhang zwischen Überschreitungsanteil und dem Prozessfähigkeitskennwert C_p respektive C_{pk}, wie er sich bei *klassischer*, univariater Analyse (vgl. Kap. 5.1) ergibt. Das Analogon hierzu bildet die Grundlage zur mehrdimensionalen Prozessfähigkeitsbewertung.

Klassischerweise erfolgt die Beurteilung der Prozessfähigkeit von Produktmerkmalen in univariater Form über die Verwendung von C_p- und C_{pk}-Fähigkeitsindizes. Voraussetzung sind selbstverständlich fähige Prüfprozesse (Nachweis beispielsweise über Verband der Automobilindustrie e. V. Qualitäts Management Center (2011b)) sowie nachgewiesene Maschinenfähigkeiten (C_m-/C_{mk}-Fähigkeitsindizes). Prinzipieller Hintergrund eines Prozessfähigkeitsindizes ist das Verhältnis aus Merkmalsspezifikation (OSG, USG) und Prozessstreubreite 6σ (C_p-Index) respektive die zusätzliche Einbeziehung der Prozesslage μ (C_{pk}-Index). Beim C_{pk}-Index werden separat die obere Spezifikationsgrenze (OSG) und die untere Spezifikationsgrenze (USG) einbezogen. Der kleinere C_{pk}-Wert ist der kritischere von beiden, da die Messwertverteilung sich dieser Spezifikationsgrenze nähert und die Ausschusswahrscheinlichkeit steigt (vgl. Kap. 5.1; Verband der Automobilindustrie e. V. Qualitäts Management Center 2011a).

Letztendlich steckt hinter diesen Quotienten die Aussage einer statistischen Wahrscheinlichkeit im Hinblick auf den statistisch zu erwartenden Ausschuss. In der Abb. 7.2 ist dieser Zusammenhang dargestellt: Je höher der C_{pk}-Wert (Abszisse), desto niedriger der statistisch zu erwartende Ausschuss (Ordinate). Unter Verwendung einer angepassten Exponentialgleichung lässt sich ein direkter Zusammenhang zwischen C_{pk}-Wert sowie ppm-Rate darstellen. Ist die Ausschussquote [ppm] (*ppm-Rate*) bekannt, lässt sich der zugehörige C_{pk}-Wert direkt über den funktionalen Zusammenhang durch Umstellen der Gl. 7.1 nach x errechnen oder auf der x-Achse der Abb. 7.2 näherungsweise ablesen.

Auf Basis dieses direkten Zusammenhangs zwischen statistisch zu erwartender Ausschussquote (*ppm-Rate*) und Prozessfähigkeitsindex C_{pk} können prinzipiell mehrere funk-

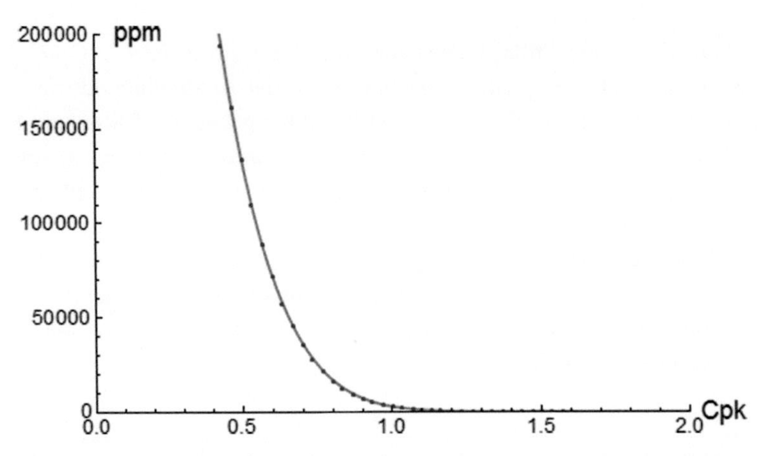

Abb. 7.2 Beziehung zwischen C_p-/C_{pk}-Index und statistisch zu erwartender ppm-Rate. (vgl. Bracke und Pospiech 2014)

tionskritische Merkmale eines Produktes als Konglomerat bewertet werden: Zunächst wird die statistisch zu erwartende Ausschussquote (Wahrscheinlichkeit) mehrerer funktionskritischer Merkmale bestimmt. Im Anschluss daran wird über die Gl. 7.1 für das analysierte Merkmalspaar der Prozessfähigkeitsindex – als Analogon zur univariaten Betrachtung – direkt bestimmt. Die Gl. 7.1 stellt somit den funktionalen Zusammenhang zwischen Ausschußquote (y) und Prozessfähigkeitsindex C_p-/C_{pk}-Index (x) dar. Durch Umstellen der Gleichung kann der jeweils andere Wert errechnet werden.

$$y = \beta_0\ exp(\beta_1 exp(x)) \Rightarrow x = \ln\left(\frac{\ln(\frac{y}{\beta_0})}{\beta_1}\right) \tag{7.1}$$

$$\begin{aligned} \text{Mit: } \beta_0 &= 4.61153*10^7 \\ \beta_1 &= -3.54913 \end{aligned} \tag{7.2}$$

Im vorliegenden Zahnbohrer-Fallbeispiel wurde bspw. für die funktionskritischen Merkmale Kopflänge (C2) und Kopf-Hals-Länge (C3) eine statistisch zu erwartende Ausschusswahrscheinlichkeit von P=0,048398 ($48398 * 10^{-6}$) ermittelt. Dies entspricht nach Gl. 7.1 einem Prozessfähigkeitsindex $C_{pk}=0{,}65$ bezogen auf zwei (unabhängige) Merkmale.

7.3 Ansatz 1-WR: Unabhängige Merkmale – Einzelbetrachtung

Eine Berechnung der Fehlerwahrscheinlichkeit bezogen auf eine Vielzahl von verschiedenen Merkmalen eines Dentalwerkzeugs kann über eine Kombination (Wahrscheinlichkeitsrechnung) von einzelnen Fehlerwahrscheinlichkeiten mittels Abschätzung erfolgen. Die Berechnung einer Gesamtwahrscheinlichkeit (alle Merkmale kombiniert) auf Basis von Einzelwahrscheinlichkeiten (je Merkmal) kann unabhängig des Verteilungsmodells durchgeführt werden. Im Rahmen des vorliegenden Fallbeispiels *Zahnbohrer* (Produktaufbau und Herstellung vgl. Kap. 7.4.2) wurde eine Charge von Produkten vermessen und ein Verteilungsmodell je Merkmal angefittet (vgl. Abb. 7.3 und 7.4). Zu erkennen ist, dass neben drei Normalverteilungen auch ein Weibullverteilungsmodell (vgl. Abb. 7.4) gute Merkmalsbeschreibungen ergeben.

Eine Kombination von einzelnen Wahrscheinlichkeiten $P_{i=1...n}$ (x) der Merkmale (vgl. Gl. 7.3) unter Berücksichtigung der Boolschen Algebra führt zu einer Gesamtwahrscheinlichkeit P_{ges}(x) bezogen auf das gesamte, herzustellende Produkt (vgl. Gl. 7.4 sowie Papula (2008)). Die genannte Wahrscheinlichkeit bezieht sich zunächst auf den Bereich innerhalb der Spezifikationsgrenzen (OSG, USG; vgl. Gl. 7.3), demnach auf den Anteil der produzierten Teile (sog. „Gut-Teile"), die nicht als Ausschuss bezeichnet werden. Wird jeweils das Komplement zu $P_{i=1...n}$ (x) berechnet und die Gesamtwahrscheinlichkeit (vgl. Gl. 7.4) aus den Komplenten berechnet, entspricht der Gesamtwahrscheinlichkeit P_{ges}(x) die der Ausschusswahrscheinlichkeit.

$$P_{i=1...n}(x) = \int_{USG}^{OSG} f(x_i)\,dx \tag{7.3}$$

$$P_{ges}(t) = 1 - \prod_i^n \left(1 - P_{Ci}(t)\right) \tag{7.4}$$

Die Tab. 7.1 zeigt errechneten Überschreitungsanteile (Ausschusswahrscheinlichkeit) je Merkmal (Komplemente auf Basis Gl. 7.3). Auf Basis dieser Überschreitungsanteile zeigt Gl. 7.5 ein Beispiel für die Berechnung der Fehlerwahrscheinlichkeit basierend auf vier unterschiedlichen Merkmalen (Kopfdurchmesser (C1), Kopflänge (C2), Kopf-Hals-Länge (C3), Halsdurchmesser (C5)).

Beispiel zur Berechnung eines Überschreitungsanteils (Wahrscheinlichkeit) mit vier unabhängigen, funktionskritischen Merkmalen:

$$\begin{aligned} P_{ges}(t) &= 1 - \prod_{i=1}^{n=4}\left(1 - P_{Ci}(x)\right) \\ &= 1 - \left(1 - P_1(x)\right)\left(1 - P_2(x)\right)\left(1 - P_3(x)\right)\left(1 - P_4(x)\right) \\ &= 1 - \left(1 - 0{,}027382\right)\left(1 - 0{,}014421\right)\left(1 - 0{,}034926\right)\left(1 - 0{,}002440\right) \\ &= 0{,}09746 \end{aligned} \tag{7.5}$$

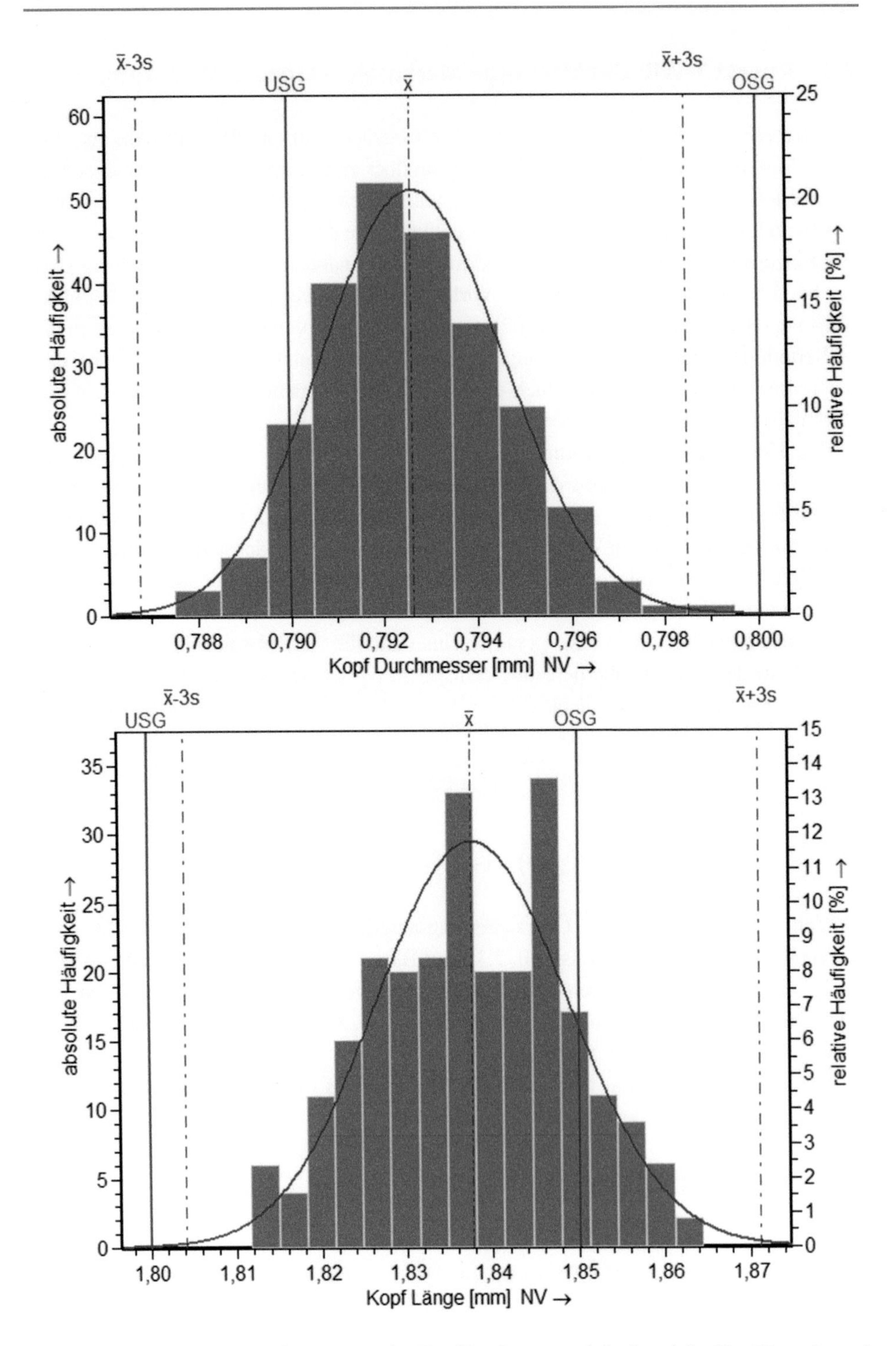

Abb. 7.3 Darstellung der Histogramme des Kopfdurchmessers (*oben*) und der Kopflänge (*unten*) auf Basis der Normalverteilung innerhalb des Fallbeispiels Zahnbohrer

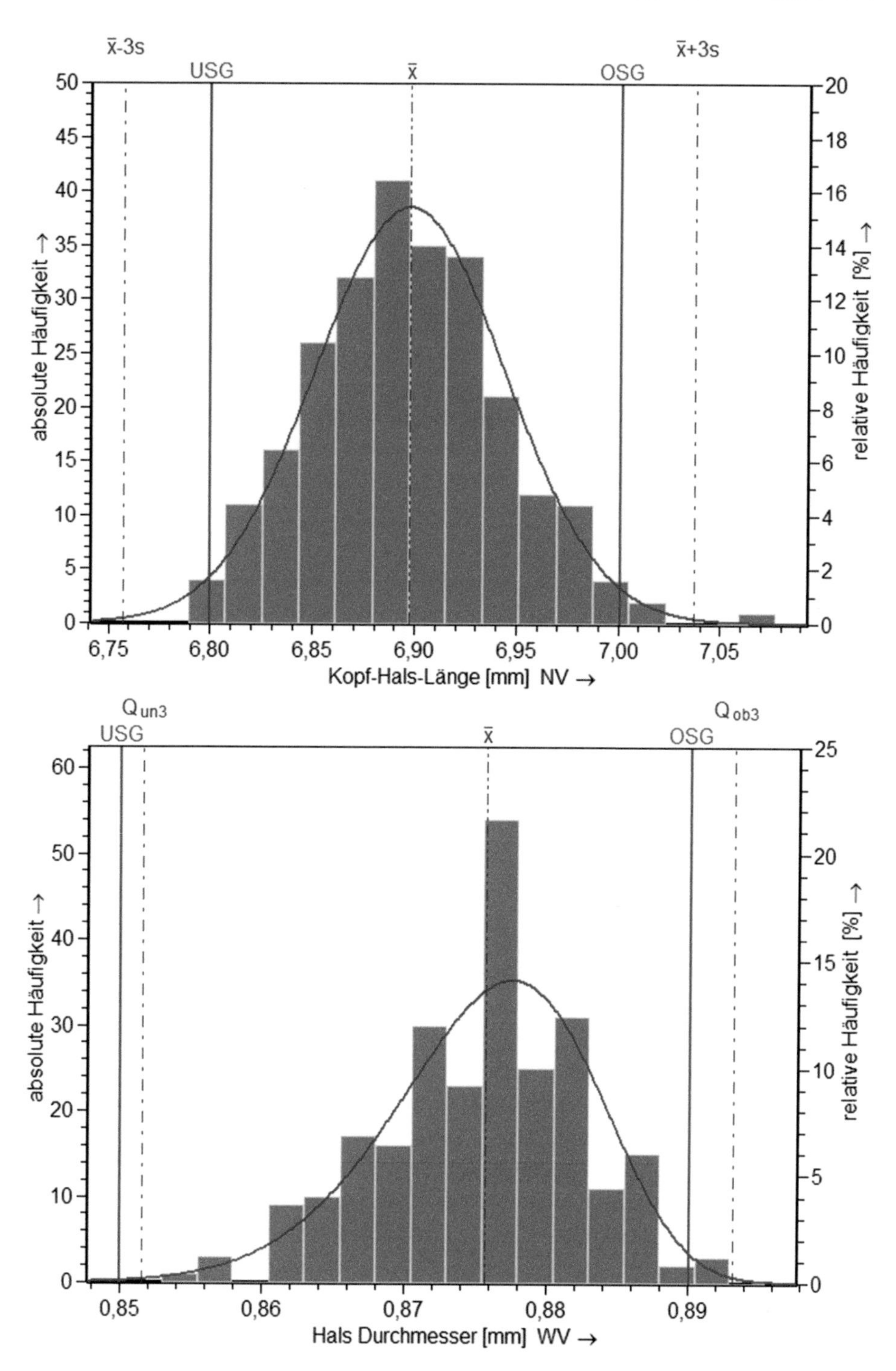

Abb. 7.4 Darstellung der Histogramme der Kopf-Hals-Länge (*oben*) und des Halsdurchmessers (*unten*), sowie verschieden angefitteten Verteilungsmodellen innerhalb des Fallbeispiels Zahnbohrer

Tab. 7.1 Funktionskritische Merkmale des Zahnbohrers, angefittete Verteilungsmodelle sowie errechnete Überschreitungsanteile der Verteilung

Merkmal	Verteilung	Überschreitungsanteil	i
(C1) Kopfdurchmesser	NV	0,027382	1
(C2) Kopflänge	NV	0,014421	2
(C3) Kopf-Hals-Länge	NV	0,034926	3
(C5) Halsdurchmesser	WV	0,002440	4

Der vorliegende Ansatz ist für eine theoretisch unbegrenzte Merkmalsanzahl respektive Kombinationsmöglichkeit durchführbar. Des Weiteren können beliebige Verteilungsmodelle kombiniert werden unter der Voraussetzung, dass die Merkmale unabhängig voneinander sind.

7.4 Ansatz 2-NV: Normalverteilte Merkmale – unabhängige Merkmale

Der vorliegende Abschnitt zeigt den Ansatz 2-NV zur Durchführung einer mehrdimensionalen Prozessfähigkeitsanalyse unter Verwendung eines multivariaten Normalverteilungsmodells am Beispiel der Fallstudie *Zahnbohrer*. Zunächst werden die prinzipielle Vorgehensweise und die Voraussetzungen (vgl. Kap. 7.4.1) zum Ansatz 2-NV und im Anschluss die Anwendung des Ansatzes 2-NV innerhalb der Fallstudie *Zahnbohrer* (vgl. Abschn. 7.4.2) erläutert.

7.4.1 Prinzipielle Vorgehensweise und Voraussetzungen

Im Gegensatz zur klassischen, eindimensionalen Prozessfähigkeitsuntersuchung bildet hier die mehrdimensionale Betrachtung der funktionskritischen Merkmale als Set den Schwerpunkt. Der Ansatz 2-NV setzt voraus, dass zum einen die betrachteten Merkmale normalverteilt, zum anderen unabhängig voneinander sind. Der Nachweis eines Normalverteilungsmodells (vgl. Gl. 7.6 und Papula (2014)) kann in univariater Betrachtung je Merkmal – bspw. unter Anwendung des Kolmogorow-Smirnow Anpassungstests oder des Anderson-Darling-Tests (vgl. Sachs und Hedderich 2009) – erfolgen. Sind alle funktionskritischen Merkmale normalverteilt, so ist auch von einer multivariaten Normalverteilung bei gesamthafter Betrachtung aus zu gehen. Die lineare Abhängigkeit/Unabhängigkeit der Merkmale kann über eine parametrische/parameterfreie Korrelationsanalyse analysiert werden (vgl. Kap. 4.3.1 und 4.3.2). Sind die betrachteten Merkmale normalverteilt sowie unabhängig voneinander, wird ein mehrdimensionales Normalverteilungsmodell an die Messdaten angepasst (vgl. Gl. 7.7).

$$f(x) = \frac{1}{\sigma * \sqrt{2\pi}} e^{-\frac{1}{2}\left(\frac{x-\mu}{\sigma}\right)^2} \quad \text{für } x \in \mathbb{R} \tag{7.6}$$

$$f_X(x_1,\ldots,x_k) = \frac{1}{\sqrt{(2\pi)^k |\Sigma|}} exp\left(-\frac{1}{2}(x-\mu)^T \Sigma^{-1}(x-\mu)\right) \tag{7.7}$$

Verwendetet Formelzeichen:

σ = Standardabweichung
μ = Mittelwert (Erwartungswert)
σ^2 = Varianz (Streuung)
Σ = Kovarianz-Matrix
k = Anzahl Dimensionen
T = Indexmenge
X = $(X_1, \ldots, X_k)^T$=Absolut stetiger Zufallsvektor

Durch Integration des mehrdimensionalen Normalverteilungsmodells unter Zuhilfenahme der Merkmalsspezifikationsgrenzen kann die Ausschusswahrscheinlichkeit berechnet und die Überführung in einen Prozessfähigkeitsindex als Analogon zum klassischen C_{pk}-Kennwert durchgeführt werden (vgl. Kap. 7.2).

7.4.2 Fallstudie Zahnbohrer

Das vorliegende Kapitel untergliedert sich in zwei Abschnitte: Zunächst wird das Herstellverfahren des Zahnbohrers (vgl. Abb. 7.5) sowie die relevanten Einflussparameter skizziert. Im Anschluss wird die Anwendung des Ansatzes 2-NV zur Bestimmung einer multivariaten Ausschusswahrscheinlichkeit dargelegt, welche die Grundlage zur Bestimmung eines multivariaten C_{pk}-Analogons bildet.

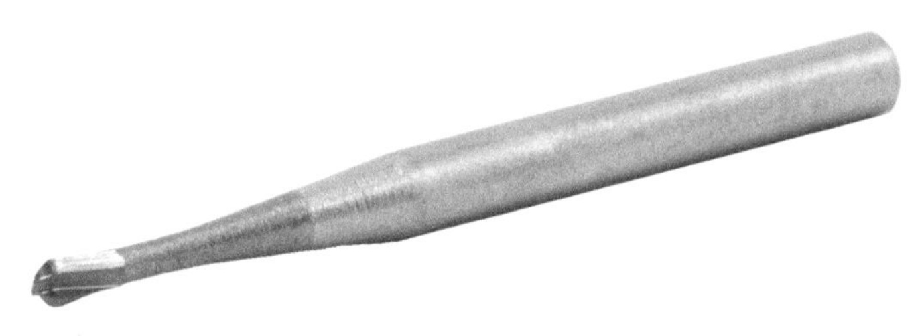

Abb. 7.5 Beispiel eines Dentalinstrumentes (Zahnbohrer). Die Anwendung erfolgt im Rahmen der Zahnpräparation. (vgl. Voss und Höchst 2015)

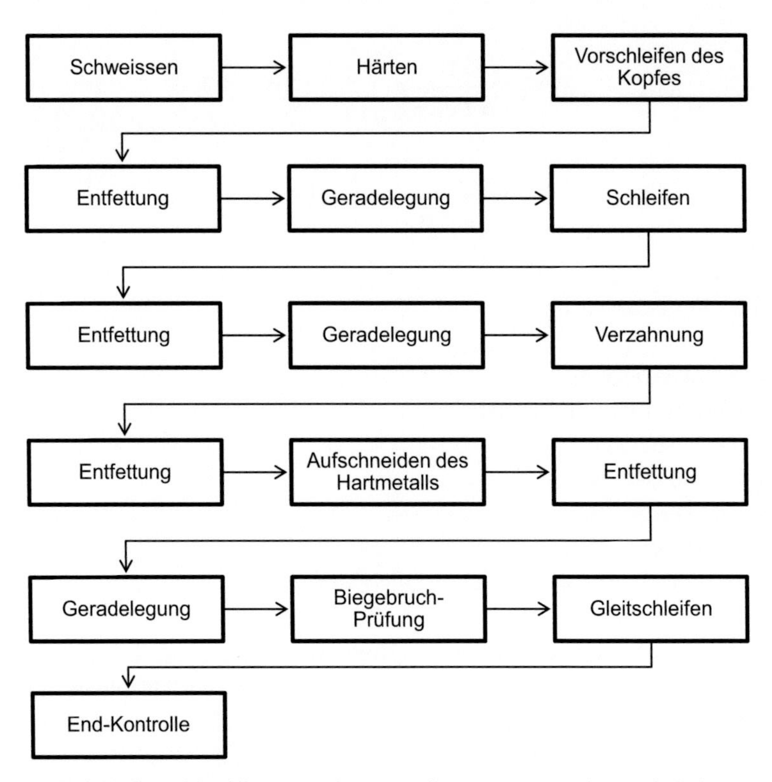

Abb. 7.6 Beispielhaftes Ablaufdiagramm des Herstellungsprozesses eines Zahnbohrers

Analyse der Herstellverfahren und Einflussparameter

Die vorliegende Dentalinstrument-Fallstudie zeigt die Fertigungsprozess- (vgl. Abb. 7.6) und Datenanalyse anhand einer Zahnbohrerfertigung auf. Es existieren verschiedene Konzepte zum konstruktiven Aufbau eines Zahnbohrers.

Der Zahnbohrer (vgl. Abb. 7.5) hat als Fertigprodukt eine Gesamtlänge von 19 mm und besteht aus drei Teilen: Kopf, Hals und Schaft. Der Schaft ist der Teil des Zahnbohrers, der in die Turbine (abgewinkeltes Präparationsinstrument des Zahnarztes) eingeführt wird. Er ist 11 mm lang und hat einen Durchmesser von 1,6 mm. Der Schaft ist mit dem Hals kraftschlüssig verbunden, wobei die Form vom Schaft aus zylinderförmig ist und sich zum Kopf hin verjüngt. Die Länge des Halses beträgt beim vorliegenden Beispiel 6,25 mm und besteht aus zwei Materialien (Modal und Hartmetall), die durch ein Lötverfahren axial miteinander verbunden sind. Das Hartmetall verfügt über einen hohen Härtegrad sowie eine hohe Verschleiß- und Druckfestigkeit. Diese Eigenschaften sind beim Kopf wichtig, der ebenfalls aus Hartmetall hergestellt ist. Der Kopf verjüngt sich zum Hals hin und hat am Ende einen Außendurchmesser von 0,8 mm. Die Gesamtlänge des Kopfes beträgt 1,75 mm.

Die Toleranzmaße für die Abmaße des Zahnbohrers und die Winkelschneiden werden bei Hager & Meisinger speziell definiert. Die Anforderungen an die Toleranzfelder sind firmenintern höher, als diese in entsprechenden DIN Normen festgeschrieben sind. Durch das Fertigen des Zahnbohrers im Mikrometerbereich sind hohe Ansprüche an die Herstellbarkeit gegeben. Das bedeutet bspw., dass die Herstellung des Kopfes (Durchmesser 0,8 mm) technisch aufwendig ist.

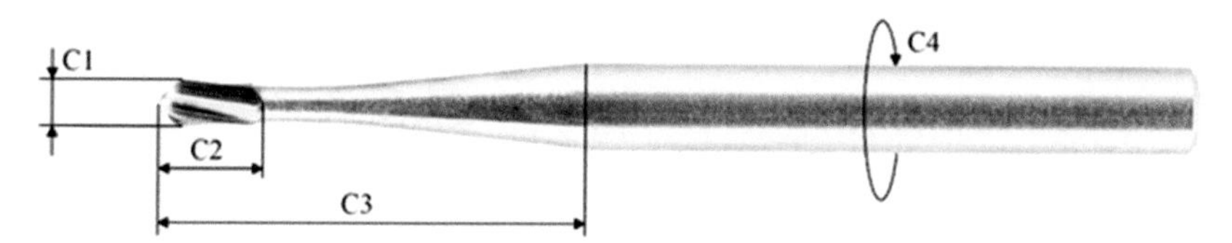

Abb. 7.7 Zahnbohrer mit funktionskritischen Merkmalen: Kopfdurchmesser (C1), Kopflänge (C2), Kopf-Hals-Länge (C3), Rundlauf (C4). (vgl. Voss und Höchst 2015)

Funktionskritische Merkmale des Produktes und/oder des Prozesses, haben einen wesentlichen Einfluss auf die Zuverlässigkeit und Qualität des Produktes, auf die Passform sowie dessen Erscheinungsform. Die funktionskritischen Merkmale des Zahnbohrers sind u. a. der Kopfdurchmesser (C1), die Kopflänge (C2), die Kopf-Hals-Länge (C3) und der Rundlauf (C4) (vgl. Abb. 7.7; Bracke und Pospiech (2014)).

Die Anforderungen des Zahnarztes an den Kopfdurchmesser bezüglich der Bohrungen im Zahn müssen vom Zahnbohrer exakt erfüllt werden (vgl. Abb. 7.8). Das Entfernen von

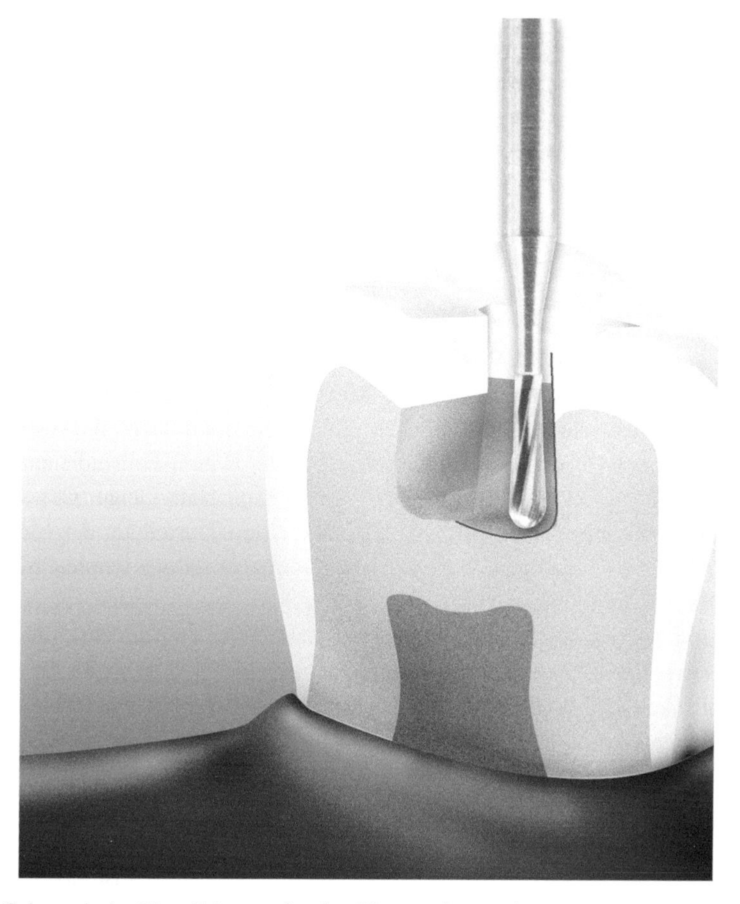

Abb. 7.8 Schematische Visualisierung für den Einsatz eines rotierenden Dentalprodukts am Beispiel eines Zahnbohrers. (vgl. Voss und Höchst 2015)

zu viel – auch gesunder – Zahnsubstanz ist nicht im Interesse des Patienten und verursacht zudem unnötige Mehrkosten. Ein weiteres funktionskritisches Merkmal ist der Rundlauf. Der Bohrer soll stetig, radial in der Turbine des Zahnarztes zu führen sein. Somit kommen die Schneiden gleichmäßig zum Einsatz. Eine Abweichung des Rundlaufs des Zahnbohrers hat einen direkten Einfluss auf das Vibrationsverhalten des Bohrers. Dieses erzeugt über die Berührung mit dem Kiefer eine deutliche Erhöhung des Schmerzempfindens des Patienten während der Zahnbehandlung (vgl. Bracke und Backes 2015).

Anwendung des Ansatzes 2-NV

Die Bestimmung einer potentiellen Ausschusswahrscheinlichkeit bei der Kombination mehrerer unabhängiger Merkmale kann auf zweierlei Wegen erfolgen. Beim Ansatz 1-WR (Kap. 7.3) kann die Ausschusswahrscheinlichkeit je Merkmal – basierend auf einem angepassten Verteilungsmodell – bestimmt und anschließend eine Gesamt-Wahrscheinlichkeit bezogen auf das Gesamt-Produkt errechnet werden. Bei der vorliegenden Zahnbohrer-Fallstudie bedeutet dies beispielsweise, dass die Wahrscheinlichkeit zum Merkmal Kopfdurchmesser (C1) $P_{C1}=0{,}0274$ (2,74 %) beträgt, oberhalb der oberen Spezifikationsgrenze (OSG) Ausschuss zu erzeugen. Hierzu wurde das Integral mit den Grenzen OSG und unendlich berechnet. Werden die Wahrscheinlichkeiten P_{C1} und P_{C2} kombiniert (Ausschusswahrscheinlichkeit (Überschreitungsanteil); vgl. Tab. 7.1), ergibt sich aus Gl. 7.8 (mit $n=2$ Merkmalen; hier Unabhängigkeit vorausgesetzt) die Wahrscheinlichkeit des Ausschusses zu $P_{C1C2}=0{,}041$ (4,1 %).

$$\begin{aligned} P_{ges}(x) &= 1-\prod_{i=1}^{n=2}\left(1-P_{Ci}(x)\right) \\ P_{ges}(x) &= 1-\prod_{i=1}^{n=2}\left(1-P_{Ci}(x)\right) = 1-\left(1-P_{C1}(x)\right)\left(1-P_{C2}(x)\right) \end{aligned} \tag{7.8}$$

Beim vorliegenden Ansatz 2-NV wird ein mehrdimensionales Normalverteilungsmodell auf die Messdaten der funktionskritischen Merkmale angepasst und über das entsprechende mehrdimensionale Integral (Grenzen: Bohrerspezifikationen) die Ausschusswahrscheinlichkeit berechnet. Anschaulich wird dieses in der Bohrer-Fallstudie an der kombinierten Analyse der Merkmale Kopflänge (C2) und Kopf-Hals-Länge (C3) skizziert. In der Abb. 7.9 ist die angepasste, zweidimensionale Normalverteilung der Merkmale C2 und C3 dargestellt. Die Parameter der bivariaten Normalverteilung wurden mittels Maximum-Likelihood-Verfahren geschätzt.

Die Lösung des dazugehörigen Integrals auf Basis einer zweidimensionalen Normalverteilung sowie der Berechnung des Komplements (vgl. Gl. 7.9) ergibt die Ausschusswahrscheinlichkeit 4,12 % (P=0,04115); das Ergebnis ist nahezu vergleichbar dem bereits zuvor skizzierten Weg (vgl. Gl. 7.8).

$$\begin{aligned} P_{GesC2-C3} &= 1-\int_{x_2USG}^{x_2OSG}\int_{x_3USG}^{x_3OSG} f_x\left(x_2,x_3\right)dx_2dx_3 \\ &= \int_{1.65}^{2.00}\int_{7.4}^{8.6}\frac{1}{\sqrt{(2\pi)^2\,|\,\Sigma\,|}}exp\left(-\frac{1}{2}\left(x_i-\mu\right)^T\Sigma^{-1}\cdot\left(x_i-\mu\right)\right)dx_2dx_3 \end{aligned} \tag{7.9}$$

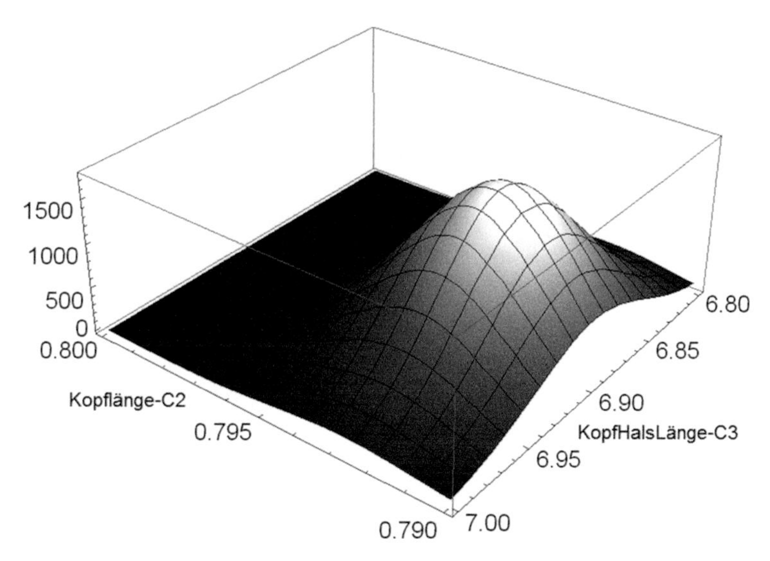

Abb. 7.9 Zweidimensionale Anpassung eines Normalverteilungsmodells bei den funktionskritischen Merkmalen Kopflänge (C2) und Kopf-Hals-Länge (C3)

Falls die Verteilung der Messdaten bei den betrachteten Merkmalen nicht einer Normalverteilung entspricht, kann der Ansatz 2-NV nicht durchgeführt werden. In diesem Fall sind je nach Verteilungsform mehrdimensionale Verteilungsmodelle zu wählen, welche bspw. rechts-/linksschief verteilte Daten abbilden können.

7.5 Ansatz 3-WV: Weibullverteilte Merkmale – unabhängige Merkmale

Bianca Backes

Im vorliegenden Kapitel steht die Analyse von links-/rechtsschiefverteilten Merkmalen im Mittelpunkt. Der Kern des Ansatz 3-WV ist die Verwendung eines mehrdimensionalen Weibullverteilungsmodells. Der Vorteil der multivariaten Weibullverteilung gegenüber der multivariaten Normalverteilung (vgl. Kap. 7.6) ist, dass die analysierten Merkmale (in univariater Betrachtung) nicht normalverteilt sein müssen, sondern durch andere Verteilungsmodelle abgebildet werden können. Das Weibullverteilungsmodell zeichnet sich durch eine erhöhte Flexibilität aus, durch die auch einige andere Verteilungsmodelle (z. B. Betragsverteilung 1./2. Art, Log-Normalverteilung, Exponentialverteilungen) hinreichend genau approximiert werden können.

7.5.1 Prinzipielle Vorgehensweise und Voraussetzungen

Sind die betrachteten Merkmale beispielsweise rechts- und/oder linksschief verteilt, kann ein mehrdimensionales Weibullverteilungsmodell eingesetzt werden (vgl. Gl. 7.18). Voraussetzung ist – ähnlich des Ansatzes 2-NV (vgl. Kap. 7.6) – die Unabhängigkeit der analysierten Merkmale. Die Abhängigkeit/Unabhängigkeit der Merkmale kann über eine parametrische/parameterfreie Korrelationsanalyse analysiert werden (vgl. Kap. 4.3.1 und 4.3.2). Um ein Verständnis für die multivariate Weibullverteilung zu generieren, wird zunächst über eine bivariate Weibullverteilung (vgl. Gl. 7.10) die Herleitung der multivariaten Weibullverteilung skizziert.

Dazu wird ein Zwei-Komponenten-System, bei dem zwei Fehlerraten λ_1 und λ_2 existieren, betrachtet (vgl. Gl. 7.10; Rinne (2009)).

$$f_i(x_i \mid \lambda_i) = \lambda_i \exp\{-\lambda_i x_i\}, x_i \geq 0, \lambda_i > 0; i = 1,2 \tag{7.10}$$

Die entstandene Exponentialfunktion wird zu einer Weibullverteilung substituiert und es folgt (vgl. Gl. 7.11; Rinne (2009)):

$$f_i(y_i \mid \lambda_i, c_i) = c_i \lambda_i (\lambda_i y_i)^{c_i - 1} \exp\left\{-(\lambda_i y_i)^{c_i}\right\}, y_i \geq 0, \lambda_i, c_i > 0; i = 1,2 \tag{7.11}$$

Die Betrachtung von zwei Lambda-Parametern wird im Folgenden auf drei ausgeweitet. Fokussiert wird wieder das Zweikomponentensystem, bei dem zwei Komponenten ausfallen können (vgl. Rinne 2009). Bei Eintreten eines Ausfalls wird die Funktion so beeinflusst, dass nur über ein unabhängigen Poisson-Prozess mit N_i (t, λ_i); i = 1, 2, 3 gerechnet werden kann. Der Parameter Lambda bedeutet hier nicht die Schockrate (vgl. Rinne 2009). Vielmehr wird Lambda als ein durchschnittlicher Numerus an Ergebnis-Auftritten pro Zeit gedeutet (das fatale Schock Modell) (vgl. Rinne 2009). Beispielsweise sind Vorgänge eines homogenen Prozesses mit N_1 (t; λ_1) und N_2 (t; λ_2) als Schockraten der Komponenten Eins und Zwei anzusehen, wobei die Schockrate N_3 (t; λ_3) als Kombination aus beiden hinzugefügt wird und damit folgt (vgl. Gl. 7.12; Rinne 2009):

$$\begin{aligned} R_{1,2}(x_1, x_2) &= Pr(X_1 > x_1, X_2 > x_2) \\ R_{1,2}(x_1, x_2) &= Pr\left\{N1(x_1, \lambda_1) = 0, N2(x_2, \lambda_2) = 0, N_3(max[x_1, x_2]; \lambda_3) = 0\right\} \\ R_{1,2}(x_1, x_2) &= exp\{-\lambda_1 x_1 - \lambda_2 x_2 - \lambda_3 max[x_1, x_2]\} \end{aligned} \tag{7.12}$$

Zudem wird die Funktion anhand des Potenzgesetzes mit $X_i = Y_i^{ci}$, i = 1, 2 erweitert und es folgt (vgl. Gl. 7.13; Rinne 2009):

$$R_{1,2}(x_1, x_2) = exp\left\{-\lambda_1 x_1^{c_1} - \lambda_2 x_2^{c_2} - \lambda_3 max\left[x_1^{c_1}, x_2^{c_2}\right]\right\} \tag{7.13}$$

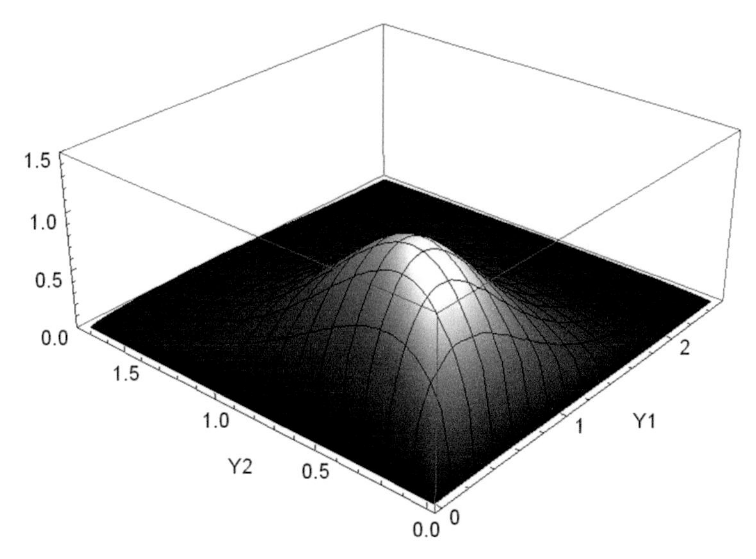

Abb. 7.10 Dichtefunktion einer bivariaten Weibullverteilung

Mit einer Verallgemeinerung des fatalen Schockmodells, welche oben erwähnt ist, werden drei homogene Poisson-Prozesse einbezogen. Des Weiteren werden mit Hilfe des Models die nicht homogenen Poisson-Prozesse mit N_i (t; λ_i, c) und dem Potenzgesetz mit λ_i ci (λ_i t)$^{ci-1}$; i = 1, 2, 3 erzeugt.

Zuvor war es möglich, dass die Prozesse (N1 und N2) den Ausfall der Komponenten 1 und 2, beziehungsweise die Annahme, dass unter dem Prozess N3 der Ausfall beider Komponenten gleichzeitig stattfindet, hervorrufen. Die folgende Gl. 7.14 zeigt dieses Vorgehen (vgl. Rinne 2009) und ist grafisch in Abb. 7.10 dargestellt:

$$
\begin{aligned}
R_{1,2}(y_1, y_2) &= Pr(Y_1 > y_1, Y_2 > y_2,) \\
R_{1,2}(y_1, y_2) &= Pr\{N_1(y_1; \lambda_1, c_1) = 0, N_2(y_2; \lambda_2, c_2) = 0, N_3(max[y_1, y_2]; \lambda_3, c_3) = 0\} \\
R_{1,2}(y_1, y_2) &= exp\left\{-\lambda_1 y_1^{c_1} - \lambda_2 y_2^{c_2} - \lambda_3\left(max\left[y_1^{c_1}, y_2^{c_2}\right]\right)^{c_3}\right\}
\end{aligned}
\tag{7.14}
$$

Des Weiteren wird aus der multivariate Exponentialfunktion mit einem Vektor *x* und einer Zufallsvariablen *p* die resultierende Überlebensfunktion erstellt (vgl. Rinne 2009):

$$
\begin{aligned}
R(x) &= Pr(X_1 > x_1, X_2 > x_2, \ldots, X_p > x_p) \\
R(x) &= exp\left\{-\sum_{s \in S}^{n} \lambda_i x_i - \sum_{i<j} \lambda_{ij} max\left[x_i, x_j\right] - \sum_{i<j<k} \lambda_{ijk} max\left[x_i, x_j x_k\right] - \cdots - \right. \\
&\left. \lambda_{12\cdots p}\ max[x_1, x_2, \ldots, x_p]\right\}.
\end{aligned}
\tag{7.15}
$$

Um mehrere kompakte Notationen zu erhalten, kennzeichnet *S* einen Satz von Vektoren ($s_1, s_2,\ldots, s_p$), welcher der für sich entweder Null ($s_j = 0$) oder Eins ($s_j = 1$) werden können. Jedoch kann s_i ($s_1, s_2,\ldots, s_p$) nicht gleichzeitig Null (0, 0,…, 0) werden. Für jeden Vektor s ϵ S, ist max. (s_i, x_i) nun das Maximum der x_i für jedes $s_i = 1$, daraus folgt (vgl. Gl. 7.16; Rinne 2009):

$$R(x) = exp\{-\sum_{s\in S} \lambda_s max(s_i, x_i)\} \tag{7.16}$$

Die Null/Eins Variable s_j, die in S enthalten ist, weist auf die Komponenten hin, die im p-Komponenten System über den Poisson-Prozess mit der Schockrate λ_s berechnet werden (vgl. Gl. 7.17; Rinne 2009):

$$\begin{aligned} &R(x_1, x_2, x_3) = \\ &exp\{-\lambda_{100}x_1 - \lambda_{010}x_1 - \lambda_{001}x_3 - \lambda_{110}\, max[x_1, x_2] - \lambda_{101}\, max[x_1, x_3] - \\ &\cdots - \lambda_{001}\, max[x_2, x_3] - \lambda_{111}\, max[x_1, x_2, x_3]\} \end{aligned} \tag{7.17}$$

Die k-dimensionalen Randwerte (k = 1, 2, …, p – 1) sind alle exponentiell. Aber die multivariate Weibullverteilung ist in der Dimension k≥2 nicht absolut kontinuierlich, da nur ein Teil dessen vorhanden ist.

Als letzten Schritt findet das Potenzgesetz seine Anwendung bei $X_i = Y_i^{ci}$, i = 1,…, p und gibt die multivariate Weibullverteilung in Form einer Überlebensfunktion wieder (vgl. Gl. 7.18; Rinne 2009):

$$R(y) = \exp\{-\sum_{s\in S} \lambda_s \cdot max(s_i y_i)\} \text{mit } y \geq 0 \tag{7.18}$$

Die multivariate Weibullverteilung stellt die Summe der verschiedenen Verteilungsmodelle auf Basis der Weibullverteilung dar. Dabei werden die Grenzen der jeweiligen Verteilung, die Lage und die Form mit einbezogen (vgl. Abb. 7.10) und sind somit in der Funktion berücksichtigt.

Diskussion von Entwicklung und Anwendbarkeit multivariater Weibullverteilungsmodelle

Das Erstellen und somit auch das Anpassen einer multivariaten Weibullverteilung an gemessenen Daten ist zurzeit noch keine konventionelle Methode (kein industrieller Standard). Dies liegt unter anderem daran, dass es augenscheinlich noch keine eindeutige Definition der multivariaten Weibullverteilung gibt, welches einer fehlenden Eindeutigkeit der Definition einer multivariaten Exponentialfunktion geschuldet ist.

Trotzdem wurden Versuche unternommen die Entwicklung einer multivariaten Weibullverteilungen voranzutreiben. Oft liegt diesen Definitionen die multivariate Exponentialfunktion von Marshall/Olkin zu Grunde (vgl. Rinne 2009).

Eine Zusammenfassung der Entwicklung der multivariaten Weibullverteilung und somit auch der existierenden, verschiedenen Definitionen liefert zum Beispiel Rinne (vgl.

Rinne 2009). Hier wird unter anderem beschrieben, dass erste Definitionen von multivariaten Weibullverteilungen nicht absolut stetig sind, aber Weibullverteilungen als Randverteilungen besitzen. Dieser Makel wurde mit neueren Definitionen behoben. Ein Blick auf weitere Verteilungen, deren Randverteilungen weibullverteilt sind, und eine mögliche Klassifizierung von Definitionen multivariater Weibullverteilungen liefert unter anderem Lee (vgl. Lee 1979).

Um verschiedene praktische Probleme mittels multivariater Weibullverteilung zu lösen, wurden oftmals bekannte Definitionen weiterentwickelt oder angepasst. Dies geschah allerdings häufig nur im Bereich weniger Dimensionen wie zum Beispiel für Formen der bivariaten Weibullverteilung (vgl. Villanueva et al 2013; Lee 1979; Lu und Bhattacharyya 1990; Lee und Wen 2006; Rinne 2009).

Um die Parameter dieser Verteilungen zu schätzen, kann sowohl die Methode *Maximum Likelihood* als auch das Verfahren mittels kleinster Quadrate herangezogen werden (vgl. Lu 2008; Hanagal 1996). Oftmals sind hier aber iterative Prozesse nötig, um Parameterschätzer zu erhalten (vgl. Kundu und Gupta 2014).

Es gibt also noch keine konventionelle Methode, geschweige denn einen validierten Code, welcher allgemein anerkannt ist, um in der Praxis eine multivariate Weibullverteilung an gegebene Daten anzupassen, obwohl durchaus schon verschiedene Möglichkeiten entwickelt und diskutiert wurden. Vor allem um die Weibullverteilungen in beliebig hohen Dimensionen nutzen zu können bedarf es augenscheinlich noch der Entwicklung weiterer geeigneter Methoden.

7.5.2 Fallstudie Implantologiebohrer (Formbohrer)

Im Rahmen des vorliegenden Kapitels wird der Ansatz 3-WV unter Verwendung eines mehrdimensionalen Weibullverteilungsmodells – soweit die Anwendbarkeit als gesichert angesehen werden kann (vgl. Diskussion in Kap. 7.5.1) – innerhalb der Fallstudie *Implantologiebohrer* (Formbohrer) vorgestellt. Zunächst werden im ersten Abschnitt das Herstellverfahren eines Formbohrers sowie die relevanten Einflussparameter (vgl. Abb. 7.13) analysiert. Unter Anwendung des Ansatzes 3-WV soll die mehrdimensionale Ausschusswahrscheinlichkeit bezogen auf alle skizzierten funktionskritischen Merkmale berechnet werden. Die funktionskritischen Merkmale eines Formbohrers sind in Abb. 7.13 dargestellt.

Analyse von Herstellverfahren und Einflussparametern

Das vorliegende Fallbeispiel behandelt die Fertigungsprozesse und Datenanalyse eines Formbohrers für den Bereich der dentalen Implantologie (vgl. Bracke und Backes 2015). Formbohrer (vgl. Abb. 7.11) dienen im Bereich der dentalen Implantologie der finalen Fertigstellung eines Bohrstollens im Kiefer, in das anschließend ein dentales Implantat eingesetzt wird. Bevor der Formbohrer zum Einsatz kommt, wird in der Regel eine sogenannte Pilotbohrung erzeugt. Erst im Anschluss kann der finale Bohrstollen fertiggestellt werden.

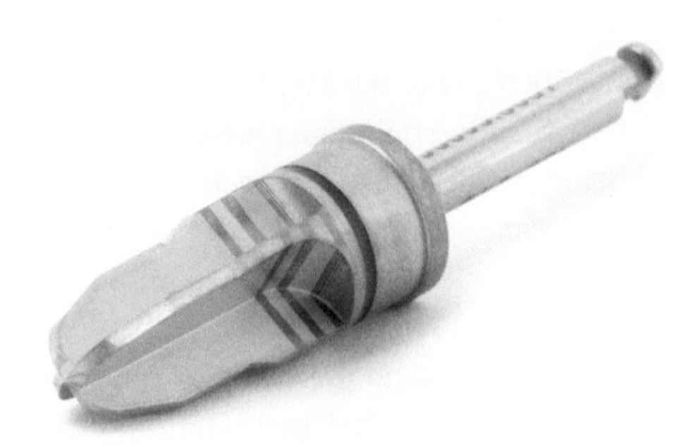

Abb. 7.11 Beispiel eines Implantologiebohrers (Formbohrer). Die Anwendung erfolgt im Rahmen der finalen Fertigstellung eines Bohrstollens im Kiefer. (vgl. Voss und Höchst 2015)

Formbohrer werden implantatspezifisch ausgelegt und existieren daher in zahlreichen Varianten, die sich teilweise erheblich unterscheiden. Je Implantat gibt es einen spezifischen Formbohrer, der exakt auf die Form, die Länge und den Durchmesser des jeweiligen Implantates abgestimmt ist. Übliche Arbeitsteildurchmesser liegen im Bereich zwischen drei und fünf Millimetern. Die Arbeitsteillängen bewegen sich üblicherweise zwischen 5 und 18 mm.

Alle Längen und Durchmesser der Formbohrer werden in einem Toleranzbereich gefertigt, der nur eine geringe Abweichung des Nennmaßes zulässt. Dadurch wird erreicht, dass das Implantat optimal in den Bohrstollen passt und das Einwachsverhalten eines Implantats einwandfrei sein wird. Eine unzureichende Präzision des Bohrers kann entweder zu einer unzureichenden Primärstabilität des Implantates führen, oder aber durch Knochenquetschungen und demzufolge einer zu hohen Wärmeentwicklung die Zellen zerstören. Beides gefährdet das Einwachsen der Implantate erheblich.

Die Implantatbohrer verfügen grundsätzlich über einen Schaft und einen Arbeitsteil. Der Schaftbereich ist in seiner Konstruktion genormt und enthält die Kupplung, über die der Bohrer vom sog. Handstück angetrieben wird. Die Produkte werden vollständig aus rostfreiem Stahl gefertigt. Die Arbeitsteile verfügen über eine Verzahnung, die axial als Bohrer sowie seitlich als Fräser arbeiten kann.

Bei dem innerhalb der vorliegenden Fallstudie vorgestellten Formbohrer handelt es sich um ein Produkt im frühen Entwicklungsstadium. Daher sind die folgenden Auswertungen anhand von Prototypen aus der Musterfertigung erfolgt. Die Daten sind zum Teil synthetisch erzeugt.

Anwendung des Ansatzes 3-WV

Nachfolgend wird die Anwendung der multivariaten Weibullverteilung zur Bestimmung statistisch zu erwartender Ausschussanteile (unabhängige Merkmale) am Beispiel eines Formbohrers aufgezeigt (vgl. Abb. 7.13). Der Formbohrer besitzt zehn kritische Merkmale, wovon nur drei für die Anwendung des Ansatzes 3-WV berücksichtigt werden um die Komplexität der Berechnung zu reduzieren: Der Fokus in diesem Beispiel liegt auf den Merkmalen Vier, Fünf und Acht (vgl. Tab. 7.2).

Bei Merkmal Vier liegt der Ausschuss bei 34,2 %, bei Merkmal Fünf bei 25 % und Merkmal Acht bei 72,4 %. Um einen statistisch zu erwartenden Ausschussanteil zu be-

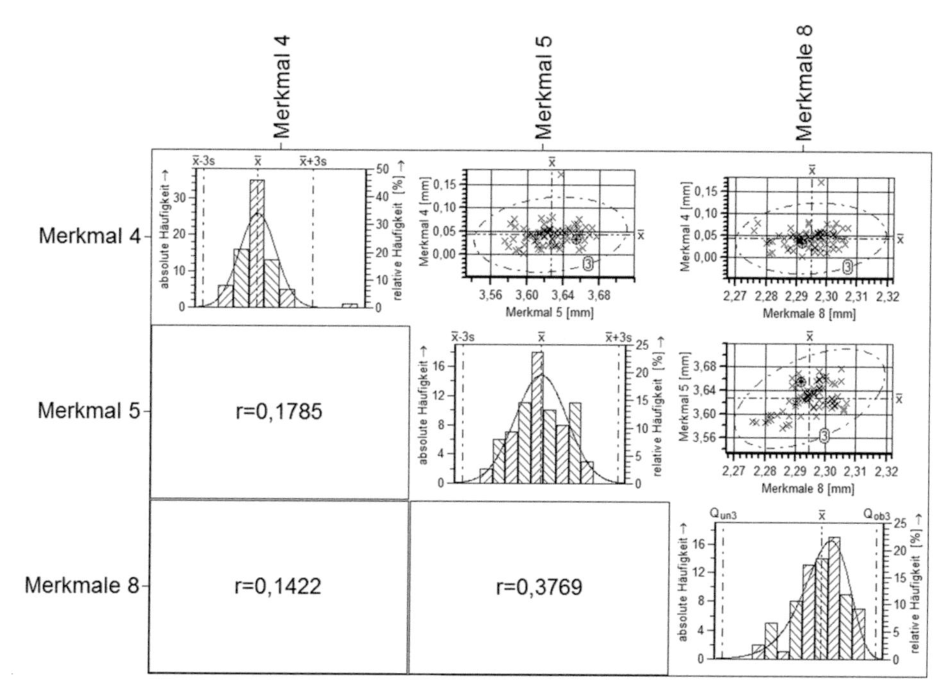

Abb. 7.12 Korrelationsmatrix hinsichtlich der funktionskritischen Merkmale Vier, Fünf und Acht eines Formbohrers

stimmen, wird der Ausschuss der drei Merkmale über die multivariate Weibullverteilung wie folgt errechnet:

Zunächst werden die drei Merkmale auf ihre Unabhängigkeit untersucht. Dazu werden die Messwerte der Merkmale über die Korrelationsanalyse auf ihre Merkmalsabhängigkeiten hin überprüft (vgl. Abb. 7.12) (Grundlagen vgl. Kap. 4.3).

Wie in der Abb. 7.12 zu erkennen ist, besteht aus statistischer Sicht bei den Merkmalen Vier, Fünf und Acht keinerlei Abhängigkeit, da die Korrelationskoeffizienten der kombinierten Merkmalspaare eindeutig unter $r=0{,}5$ liegt (vgl. Kap. 6.3).

Im nächsten Schritt wird der statistisch zu erwartende Ausschussanteil bezogen auf alle vier Merkmale bestimmt. Zunächst wird jedes Merkmal für sich einzeln untersucht; die Kombinationsmöglichkeiten der Merkmale mit Überschreitungen der unteren und oberen Spezifikationsgrenzen von zwei oder mehr Merkmalen werden anschließend in die weitere Berechnung einfließen.

Dabei wird der Poisson-Prozess angewendet und mit dem Buchstaben Lambda (λ) beschrieben. Die Untersuchung der Kombinationsmöglichkeiten wird mit dem Poisson-Prozess beschrieben, der als nächster Schritt skizziert wird.

Die Summe des Ausschusses für ein Merkmal, wird durch die Summe der Messwerte dividiert, woraus sich dann der Ausschuss der Messwertreihe ergibt. In diesem Beispiel beträgt λ_4 bezogen auf Merkmal Vier (vgl. Gl. 7.19):

Tab. 7.2 Messwertreihen für zehn funktionskritische Merkmale (vgl. Abb. 7.13) einer Musterfertigung eines Formbohrer-Prototypen (kein Serienstand; Angaben in *mm*)

Merkmal	1	2	3	4	5	6	7	8	9	10
	D_ 2,35	D_ 4,35	L_ 11,95	RL01	D_ 3,64	L_ 18,95	D_ 4,4	2,3	D_ 2,74	Länge 14
Nennmaß	*2,350*	*4,35*	*11,95*	*0,05*	*3,64*	*18,95*	*4,4*	*2,3*	*2,74*	*14*
OSG	*2,350*	*4,350*	*12,050*	*0,050*	*3,670*	*19,050*	*4,400*	*2,330*	*2,770*	*14,200*
USG	*2,334*	*4,250*	*11,850*	*0,000*	*3,610*	*18,850*	*4,380*	*2,300*	*2,710*	*13,800*
1	2,344	4,329	11,982	0,042	3,607	18,975	4,386	2,306	2,723	14,006
2	2,342	4,331	11,910	0,012	3,636	18,964	4,387	2,296	2,754	13,993
3	2,344	4,329	11,970	0,029	3,609	18,968	4,389	2,306	2,724	14,010
4	2,342	4,326	11,905	0,052	3,622	18,962	4,382	2,303	2,733	14,001
5	2,341	4,331	11,958	0,010	3,658	18,990	4,388	2,298	2,766	14,019
6	2,342	4,323	11,956	0,052	3,634	18,946	4,382	2,296	2,746	14,028
7	2,342	4,324	11,900	0,043	3,629	18,962	4,381	2,292	2,747	13,987
8	2,342	4,329	11,971	0,059	3,665	19,052	4,386	2,299	2,787	14,004
9	2,342	4,327	11,897	0,047	3,613	18,966	4,385	2,298	2,741	14,059
10	2,344	4,318	11,920	0,022	3,612	18,965	4,378	2,296	2,725	14,010
11	2,341	4,323	11,906	0,037	3,611	18,954	4,379	2,296	2,726	14,043
12	2,342	4,326	11,957	0,044	3,660	19,034	4,382	2,292	2,770	14,005
13	2,343	4,316	11,964	0,036	3,628	18,953	4,378	2,291	2,741	14,026
14	2,343	4,314	11,911	0,036	3,599	18,958	4,374	2,281	2,723	14,068
15	2,341	4,322	11,889	0,013	3,613	18,951	4,380	2,296	2,730	14,060
16	2,340	4,323	11,978	0,056	3,657	19,015	4,380	2,297	2,771	14,014
17	2,344	4,311	11,915	0,050	3,599	18,947	4,372	2,284	2,707	14,021
18	2,344	4,320	11,937	0,078	3,616	18,965	4,379	2,303	2,732	14,007
19	2,343	4,320	11,975	0,040	3,640	18,954	4,381	2,294	2,756	14,022
20	2,343	4,333	11,962	0,051	3,652	18,971	4,391	2,303	2,767	14,027
…	…	…	…	…	…	…	…	…	…	…
…	…	…	…	…	…	…	…	…	…	…
…	…	…	…	…	…	…	…	…	…	…

$$\lambda_4 = \frac{26}{76} \tag{7.19}$$

Zusätzlich werden die Kombinationsmöglichkeiten der einzelnen Merkmale untersucht. Dazu werden zunächst die einzelnen Merkmale miteinander kombiniert. Beispielsweise ist bei der sechsten Messung des Formbohrers für die Merkmale Vier und Acht der jeweilige Messwert außerhalb der Toleranzgrenze. Somit kann Lambda 48 (λ_{48}) berechnet werden.

Um aus der Grundgesamtheit aller Merkmale und Messungen die Kombinationsmöglichkeit λ_{48} herauszufiltern, wird jede Messung einzeln geprüft, markiert und anschließend

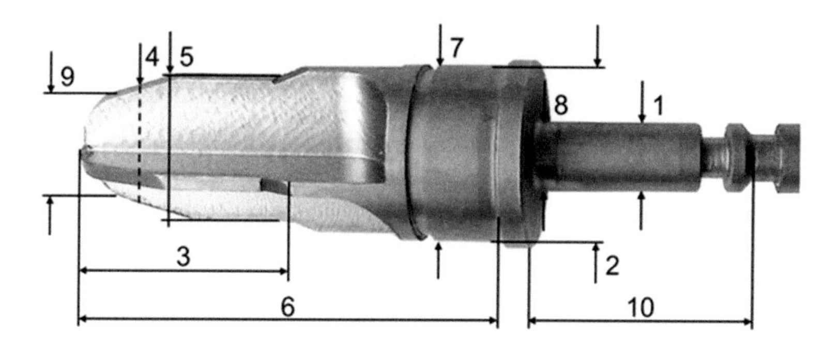

Abb. 7.13 Formbohrer-Prototyp mit Kennzeichnung der 10 funktionskritischen Merkmale (Konstruktionsstand hinsichtlich Maße und Toleranzangaben: Prototypen-Stadium). (vgl. Voss und Höchst 2015)

das Markierte aufsummiert. Die Summe der gemeinsamen Ausschüsse der Merkmale Vier und Acht (16 in der untersuchten Messwertreihe) werden durch die Anzahl aller Messungen (insg. 76 Messvorgänge) dividiert (vgl. Gl. 7.20).

$$\lambda_{48} = \frac{16}{76} \tag{7.20}$$

Im nächsten Schritt werden die einzelnen Kombinationsmöglichkeiten der drei Merkmale berechnet. Angefangen bei λ_{100}, λ_{010}, λ_n wird jede Kombinationsmöglichkeit mit n=3 Stellen (λ_{111}) berücksichtigt. Jede Stelle des Index von Lambda wird einzeln und in Kombination betrachtet werden. Im Fallbeispiel der Formbohrer sind drei funktionskritische Merkmale festgelegt worden. Das bedeutet, λ ist im Index dreistellig, wobei jede Stelle entweder Null oder Eins sein kann. Somit kann die Überlebenswahrscheinlichkeitsfunktion unter Zuhilfenahme des Poisson-Prozesses im Allgemeinen, bezogen auf das komplette Merkmalset von zehn funktionskritischen Merkmalen (vgl. Tab. 7.2), gemäß Gl. 7.21 dargestellt werden.

$$\begin{aligned}
&R\left(x_1, x_2, x_3, x_4, x_5, x_6, x_7, x_8, x_9, x_{10}\right) = \\
&exp\left\{-\lambda_{1000000000} x_1^{c_1} - \lambda_{0100000000} x_2^{c_2} - \lambda_{0010000000} x_3^{c_3} - \lambda_{0001000000} x_4^{c_4}\right. \\
&-\lambda_{0000100000} x_5^{c_5} - \lambda_{0000010000} x_6^{c_6} - \lambda_{0000001000} x_7^{c_7} - \lambda_{0000000100} x_8^{c_8} \\
&-\lambda_{0000000010} x_9^{c_9} - \lambda_{0000000001} x_{10}^{c_{10}} - \\
&-\lambda_{1100000000} \cdot max\left[x_1^{c_1}, x_2^{c_2}\right] - \lambda_{1100000000} \cdot max\left[x_1^{c_1}, x_2^{c_2}\right] - \\
&\lambda_{1010000000} \cdot max\left[x_1^{c_1}, x_3^{c_3}\right] - \lambda_{1001000000} \cdot max\left[x_1^{c_1}, x_4^{c_4}\right] - \ldots - \\
&\left.\lambda_{1111111111} \cdot max\left[x_1^{c_1}, x_2^{c_2}, x_3^{c_3}, x_4^{c_4}, x_5^{c_5}, x_6^{c_6}, x_7^{c_7}, x_8^{c_8}, x_9^{c_9}, x_{10}^{c_{10}}\right]\right\}
\end{aligned} \tag{7.21}$$

Die Bestimmung weiterer Lambdas mit Hilfe des Poisson-Prozesses wird auf die gleiche Weise durchgeführt, bis alle Kombinationsmöglichkeiten aller Merkmale berechnet sind.

Im Rahmen der folgenden Ausführungen wird die Berechnung – der Einfachheit und Darstellbarkeit halber – anhand der funktionskritischen Merkmale Vier, Fünf und Acht aufgezeigt. Auf Basis der Gl. 7.21 ergibt sich für die Merkmale (Vier oder Fünf oder Acht) drei einzelnen Kombinationsmöglichkeiten sowie der Merkmale Vier, Fünf, Acht die vier Kombinationsmöglichkeiten, siehe Gl. 7.22.

$$\lambda_i = \lambda_{100} x_4^{c_4}, \lambda_{010} x_5^{c_5}, \lambda_{001} x_8^{c_8}, \lambda_{110} max\left[x_4^{c_4}, x_5^{c_5}\right], \lambda_{101} max \left[x_4^{c_4}, x_8^{c_8}\right], \lambda_{011} max\left[x_5^{c_5}, x_8^{c_8}\right], \lambda_{111} max\left[x_4^{c_4}, x_5^{c_5}, x_8^{c_8}\right] \quad (7.22)$$

Der Ablauf der Gesamtberechnung erfolgt schrittweise, hierbei wird zunächst die Definition und Wertezuweisung der einzelnen Variablen durchgeführt. Außerdem erfolgt eine Teilberechnung der multivariaten Weibullfunktion mit Hilfe des Poisson-Prozesses. Zu jeder Lambda-Kombination wird nun der Maximalwert der jeweiligen Toleranzgrenze (y_i) der zu betrachtenden Merkmale und dem dazugehörigen Parameter (c_i) potenziert. Anschließend wird dieser Maximalwert mit dem zugehörigem Lambda multipliziert. Zur beispielhaften Verdeutlichung ist die nachfolgende Gl. 7.23 angegeben.

$$x_{48} = \lambda_{48} \cdot max\left(y_4^{c_4}, y_8^{c_8}\right) \quad (7.23)$$

Die zuvor bestimmten Teilberechnungen werden abschließend in die multivariate Weibullfunktion implementiert, vgl. Gl. 7.24:

$$R(x_4, x_5, x_8) = exp\left\{-\lambda_4 \cdot x_4^{c_4} - \lambda_5 \cdot x_5^{c_5} - \lambda_8 \cdot x_8^{c_8} - \lambda_{45} \cdot x_{45}^{c_{45}} - \lambda_{48} \cdot x_{48}^{c_{48}} - \lambda_{58} \cdot x_{58}^{c_{58}} - \lambda_{458} \cdot x_{458}^{c_{458}}\right\} = 0,963949 \quad (7.24)$$

Die Merkmale Vier, Fünf und Acht sind nun über die multivariate Weibullfunktion auf die Ausschusswahrscheinlichkeit (Überschreitung der Spezifikationsgrenzen) hin untersucht worden. Bei der Durchführung werden die sieben Kombinationsmöglichkeiten berechnet. Im hier aufgezeigten Zahlenbeispiel ergibt sich, dass die Anfittung einer multivariaten Weibullfunktion auf Basis der Messwerte bei drei betrachteten Merkmalen einen statistisch zu erwartenden Überschreitungsanteil von 0,963949 ergibt. Das bedeutet, dass die statistisch zu erwartende Ausschusswahrscheinlichkeit bei den gegebenen Spezifikationsgrenzen bei ca. 96,4 % liegt. Die berechnete Ausschusswahrscheinlichkeit erscheint aus Anwendersicht hoch, es handelt sich bei dem analysierten Formbohrer jedoch um einen Prototypen in der Entwicklungsphase; die Fertigungsmaße entsprechen nicht den späteren Sollmaßen und die Auswertungen erfolgten anhand von Prototypen aus der Musterfertigung.

7.6 Ansatz 4-TSNV: Transformation beliebig verteilter Merkmale auf multivariate NV – un-/abhängige Merkmale

Julian Schlosshauer

Die in den vorangegangenen Kapiteln skizzierten Ansätze 1-WR, 2-NV sowie 3-WR beinhalten die Voraussetzung der Unabhängigkeit der analysierten Merkmale. Stehen die Merkmale in Abhängigkeit zueinander – der Nachweis kann über eine Korrelationsanalyse geführt werden –, so bietet der im folgenden Kapitel skizzierte Ansatz 4-TSNV eine Möglichkeit zur Bestimmung der statistisch zu erwartenden Überschreitungsanteile bei einem Merkmalsset innerhalb vorgegebener Toleranzfenster.

7.6.1 Theoretische Grundlagen der Monte Carlo Simulation von Ausschusswahrscheinlichkeiten unter Zuhilfenahme der multivariaten Normalverteilung

In diesem Kapitel wird eine Möglichkeit aufgezeigt, die Ausschusswahrscheinlichkeiten eines Produktes mittels Monte Carlo Simulation (MC-Simulation) zu bestimmen. Hierbei wird die Ausschussquote (der Überschreitungsanteil) mittels einer multivariaten Normalverteilung berechnet, welche an eine zuvor transformierte Stichprobe gefittet wird. Diese Stichprobe enthält Informationen über Merkmale eines Produktes, welche innerhalb bestimmter Spezifikationsgrenzen liegen sollen und erlaubt, nach Modellierung der Verteilungen der einzelnen Merkmale und Transformation dieser empirischen Randverteilungen, die Konstruktion der geschätzten Marginalverteilungen der multivariaten Normalverteilung. Dieses Vorgehen wird in Kap. 7.6.2 an einem Datensatz durchgeführt (vgl. Tab. 7.2).

Die theoretischen Grundlagen und ein großer Teil der Definitionen in diesem Kapitel sind dem Werk Rizzo (2008) zu entnehmen. Zudem sind die Definitionen im folgenden Kapitel in Anlehnung an die Werke Georgii (2009), Fahrmeir (2007), Hamerle und Fahrmeir (1984), Sachs und Hedderich (2009) und Schmid und Trede (2006) erfolgt.

Theoretische Vorgehensweise

Zunächst erfolgt ein kurzer Überblick über die zu verrichtenden Schritte, bevor diese im Detail beleuchtet werden.

1. Bestimmen von Verteilungen, welche die beobachteten Daten adäquat repräsentieren und fitten entsprechender Wahrscheinlichkeitsdichten f_{xi} an die Stichproben der Marginalverteilungen.
2. Bestimmen der Funktion $\Phi = (\Phi_1, \dots \Phi_q)^T$, mit $\Phi_i\,(X_i) \sim N(0,1)$.

3. Transformation aller Stichproben S_i der Marginalverteilungen mittels Φ und Bestimmung der Schätzer $\hat{\Sigma}$ und $\hat{\mu}$ der multivariaten Normalverteilung aus den transformierten Daten.
4. Erzeugen von n Realisationen der multivariaten Normalverteilung $N_q(\hat{\mu}, \hat{\Sigma})$. Wobei q der Anzahl der Marginalverteilungen entspricht und n möglichst groß sein sollte.
5. Transformieren der Spezifikationsunter- und Spezifikationsobergrenzen der Marginalverteilung mittels Φ und Bestimmung der empirischen Ausschusswahrscheinlichkeit der in Schritt 4 gewonnen n Realisationen.

Die so erhaltene empirische Ausschusswahrscheinlichkeit soll eine mögliche Näherung an die tatsächliche – geschätzte – Ausschusswahrscheinlichkeit darstellen.

Hierbei werden also die Wahrscheinlichkeitsdichten der Marginalverteilungen modelliert, damit anschließend die Stichproben der Marginalverteilung in standardnormalverteilte Stichproben transformiert werden können. Aus den transformierten Stichproben wird dann eine multivariate Normalverteilung geschätzt, über welche letztendlich die Monte Carlo Simulation durchgeführt wird. Es besteht jedoch keinerlei Garantie, dass die transformierten Marginalverteilungen wirklich multivariat normalverteilt sind. Dies ist eine Modellannahme. Aus $x_1,\ldots, x_q$ univariat normalverteilt folgt also im Allgemeinen nicht, das auch $x=(x_1,\ldots, x_q)$ multivariat normalverteilt ist (vgl. Hamerle und Fahrmeir 1984).

Schritt 1: Modellierung der Marginalverteilung

Als ein erster Schritt sollen Wahrscheinlichkeitsdichten gefunden werden, welche die gemessenen Daten möglichst gut repräsentieren. Es sollen also verschiedene Dichten bezüglich ihrer *Fähigkeit* verglichen wurden, die beobachteten Stichproben der Marginalverteilungen zu repräsentieren. Als Informationskriterium zur Auswahl des Modells wurde hier das etablierte Akaike information criterion (AIC) gewählt.

Eine Möglichkeit, die sich hier anbietet, ist die Nutzung der *Maximum-Likelihood*-Methode in Form der äquivalenten Nutzung der negativen logarithmierten *Maximum-Likelihood*-Funktion (-log L $(x_1,\ldots, x_q|\theta)$).

Definition (Schritt 1, 1):

$$\mathrm{AIC} := -2\mathrm{L}\,(x_1,\ldots,x_n \mid \hat{\theta}_{ML}) + 2k \tag{7.25}$$

wobei k der Anzahl der zu schätzenden Parameter $\hat{\theta}_{ML}$ entspricht (vgl. Gl. 7.25, Sachs und Hedderich (2009)).

Es ist also genau das f_i für die Modellierung der jeweiligen Marginalverteilung zu nutzen, für welches der AIC möglichst gering ist, da dann das Modell die Daten umso genauer beschreibt.

Schritt 2: Bestimmen von Φ

Sei S_i eine Stichprobe einer gegebenen Marginalverteilung und f_{xi} die in Schritt 1 bestimmte Wahrscheinlichkeitsdichte, die S_i möglichst gut repräsentiert. In Schritt 2 soll eine Funktion $\Phi = (\Phi_1, \dots \Phi_q)^T$ bestimmt werden, sodass Φ_i, angewendet auf X_i, eine standardnormalverteilte Zufallsvariable liefert. Es soll also gelten $\Phi_i\ (X_i) \sim N(0,1)$. Das Ziel ist hierbei, eine Funktion Φ_i zu finden, deren Anwendung auf S_i eine möglichst standardnormalverteilte Stichprobe liefert. Für die Konstruktion der Φ_i sind folgende zwei Theoreme von Belang.

Theorem 1:

Sei X eine kontinuierliche Zufallsvariable mit Verteilungsfunktion $F_x(x)$, dann gilt:

$$U = F_x(X) \sim Uniform(0,1)$$

denn mit $F_{\tilde{U}}$ der Verteilungsfunktion der Uniformverteilung zu den Parametern 0 und 1 und $\tilde{U} \sim$ Uniform (0,1) gilt:

$$P\left(F_X^{-1}\left(\tilde{U}\right) \leq x\right) = P\left(\tilde{U} \leq F_X(x)\right) = F_{\tilde{U}}\left(F_X(x)\right) = F_X(x) \text{ für alle } x \in \mathbb{R}$$

Also besitzt X die gleiche Verteilung wie $F_X^{-1}(\tilde{U})$ Daraus folgt das $F_x\ (X)$ die gleiche Verteilung wie $\tilde{U}$ besitzt. Daher gilt (vgl. Rizzo 2008, S. 49 f.):

$$U = F_X(X) \sim Uniform(0,1)$$

Theorem 2:

Sei $U \sim Uniform\ (0,1)$ und $Q_{N(0,1)}(x)$ die Quantilfunktion der Standardnormalverteilung dann gilt (vgl. Rizzo 2008, S. 49 f.):

$$Q_{N(0,1)}(U) \sim N(0,1)$$

Aus Theorem 1 und 2 folgt nun das Φ_i folgendermaßen zu konstruieren ist:

$$\phi_i(x) = Q_{N(0,1)}\left(F_i(x)\right) \qquad (7.26)$$

Wobei F_i die Verteilungsfunktion von x ist und $Q_{N(0,1)}$ die Quantilfunktion der Standardnormalverteilung (vgl. Gl. 7.26).

Schritt 3: Schätzen von μ und Σ

Im Folgenden soll aus den transformierten Daten die Verteilung einer multivariaten Normalverteilung geschätzt werden. Hierzu sei zunächst die Definition der multivariaten Normalverteilung gegeben.

Definition (Schritt 3,1):

Es sei Σ eine positiv definite q x q-Matrix und $\mu \in \mathbb{R}^q$. Dann ist die multivariate Normalverteilung N_q (μ, Σ) mit der Kovarianzmatrix Σ und dem Erwartungswert μ gegeben durch die Dichte (vgl. Gl. 7.27) wobei $x \in \mathbb{R}^q$ und $|\Sigma|$ die Determinante von Σ ist (vgl. Hamerle und Fahrmeir 1984):

$$f(x \mid \mu, \Sigma) = \frac{1}{(2\pi)^{\frac{q}{2}} |\Sigma|^{\frac{1}{2}}} \exp\left\{-\frac{1}{2}(x-\mu)' \Sigma^{-1}(x-\mu)\right\} \tag{7.27}$$

Sind die Parameter Σ und μ nicht bekannt, so müssen sie geschätzt werden. Hierbei sind das arithmetische Mittel und die empirische Kovarianz von Bedeutung.

Definition (Schritt 3,2):

Es seien in der Stichprobe $X \subseteq \Omega$, $X = \{\omega_1, ..., \omega_n\}$ für die Merkmale X und Y die Merkmalsausprägungen $x_1, ..., x_n$ beziehungsweise $y_1, ..., y_n$ gemessen worden, so ist die empirische Kovarianz gegeben durch (vgl. Gl. 7.28):

$$\hat{\sigma}_{X,Y} = \frac{1}{n-1} \sum_{i=1}^{n} (x_i - \bar{x})(y_i - \bar{y}) \tag{7.28}$$

Wobei $\bar{x}$ und $\bar{y}$ die arithmetischen Mittel der $x_1, ..., x_n$ beziehungsweise der $y_1, ..., y_n$ darstellen (vgl. Sachs und Hedderich 2009).

Definition (Schritt 3, 3): $x \in \mathbb{R}^q$

Sei $X: \rightarrow \mathbb{R}^q$ eine $\mathbb{R}^q$ –wertige Zufallsvariable, dann ist die Kovarianzmatrix (vgl. Gl. 7.29) von $X = (X_1, ... X_q)$ definiert als

$$\Sigma = Cov[X] = \begin{pmatrix} Cov(X_1, X_1) & \cdots & Cov(X_1, X_q) \\ \vdots & \ddots & \vdots \\ Cov(X_q, X_1) & \cdots & Cov(X_q, X_q) \end{pmatrix} \tag{7.29}$$

mit $Cov(X_i, X_j) = \mathbb{E}\left[(X_i - \mathbb{E}[X_i])(X_j - \mathbb{E}[X_j])\right]$, (vgl. Hamerle und Fahrmeir (1984)).

Eine Kovarianzmatrix ist im Übrigen symmetrisch und positiv semidefinit. Seien $\tilde{S}_1, \ldots, \tilde{S}_q$ Stichproben gemessener Marginalverteilungen, dann ergeben sich folgende Schätzer für eine multivariate Normalverteilung (vgl. Gl. 7.30 und 7.31; vgl. Hamerle und Fahrmeir 1984):

$$\tilde{\mu} = \left(\bar{\tilde{S}}_1, \ldots, \bar{\tilde{S}}_q\right)^T \tag{7.30}$$

$$\tilde{\Sigma} = (\hat{\sigma}_{\tilde{S}_i, \tilde{S}_j})_{i,j} \quad i, j \in \{1, \ldots, q\} \tag{7.31}$$

Dabei ist $\bar{\tilde{S}}_i$ das arithmetische Mittel, welches aus der Stichprobe der i-ten Marginalverteilung gewonnen wurde, und $\hat{\sigma}_{\tilde{S}_i,\tilde{S}_j}$ die empirische Kovarianz, welche aus den Stichproben $\tilde{S}_i$ und $\tilde{S}_j$ bestimmt wurde. Somit ergeben sich die Schätzer für μ und Σ zur Bestimmung der Ausschusswahrscheinlichkeiten wie folgt:

Seien $S_1,\dots,S_q$ abermals die Stichproben der Marginalverteilungen und $\Phi = \left(\phi_1,\dots,\phi_q\right)^T$ die Funktion (vgl. Gl. 7.17) aus Schritt 2 (vgl. Gln. 7.32 und 7.33), dann gilt:

$$\hat{\mu} = \left(\overline{\phi_1(S_1)},\dots,\overline{\phi_q(S_q)}\right)^T \tag{7.32}$$

$$\hat{\Sigma} = (\hat{\sigma}_{\phi_i(S_i),\phi_j(S_j)})_{i,j} \quad i,j\{1,\dots,q\} \tag{7.33}$$

Schritt 4: Erzeugen von n Realisationen einer multivariaten Normalverteilung

Theorem 3:

Sei $Z \sim N_q(0,I)$ mit I als $q \times q$ Einheitsmatrix; es ist also $Z = \left(Z_1,\dots,Z_q\right)$ mit $Z_i \sim N(0,1)$. Sei Σ eine Kovarianzmatrix, dann existiert eine Matrix C, sodass $\Sigma = CC^T$, da Σ symmetrisch und positiv semidefinit ist. Sei $b \epsilon \mathbb{R}^q$ dann gilt (vgl. Rizzo 2008, S. 70 ff.):

$$CZ + b \sim N_q(b,\Sigma)$$

Dieses Theorem erlaubt also die Realisation einer multivariat normalverteilten Zufallsvariablen aus einem Zufallsvektor $Z = \left(Z_1,\dots,Z_q\right)$, $Z_i \sim N(0,1)$ mit entsprechendem Σ und Vektor b.

Um den Produktionsprozess multivariat normalverteilt abbilden zu können, sind also die aus Schritt 3 bekannten Schätzer $\hat{\Sigma}$ und $\hat{\mu}$ (vgl. Gln. 7.32 und 7.33) nötig. Zuerst werden q-Realisationen der Standardnormalverteilung erzeugt und diese im Vektor Z vereint. Die Ausprägungen eines zufällig gewählten Produktes können nun über

$$Y = \hat{C}Z + \hat{\mu} \tag{7.34}$$

modelliert werden (vgl. Rizzo 2008, S. 70 ff.), wobei $\hat{C}\hat{C}^T = \hat{\Sigma}$ gelten muss (vgl. Gl. 7.34).

Eine Möglichkeit $\hat{C}$ zu erhalten stellt also die Cholesky-Zerlegung von $\hat{\Sigma}$ dar, vergleiche hierzu Meister (2011). Eine Realisation der Zufallsvariablen (vgl. Gl. 7.35) ist somit gefunden.

$$Y = \hat{C}Z + \hat{\mu} \sim N_q(\hat{\mu},\hat{\Sigma}) \tag{7.35}$$

Wird dieser Schritt nun n-fach wiederholt, werden n Realisationen der Zufallsvariablen $Y \sim N_q(\hat{\mu},\hat{\Sigma})$ erhalten.

Schritt 5: Monte Carlo Simulation

An dieser Stelle sei ein weiteres Mal auf das Werk Rizzo (2008) verwiesen. Dort wird der folgende Sachverhalt beschrieben:

Theorem 4

Sei $f(x)$ eine Wahrscheinlichkeitsdichte auf $A = \mathbb{R}^q$. Um das Integral Ξ (vgl. Gl. 7.36) schätzen zu können, werden zufällige Realisationen $x_1, \ldots, x_n$ der Dichte $f(x)$ generiert.

$$\Xi = \int_A g(x) f(x)\, dx \tag{7.36}$$

Sei $\hat{\Xi} = \frac{1}{n} \sum_{i=1}^n g(x_i)$, dann konvergiert folglich $\hat{\Xi}$ für $n \to \infty$ gegen $\mathbb{E}[\hat{\Xi}] = \Xi$.

Diese Methode ermöglicht das Schätzen der Ausschusswahrscheinlichkeit eines Produktes mit den in Schritt 4 konstruierten, multivariaten Zufallsvariablen. Seien also $(x_1, \ldots, x_n)$ die in Schritt 4 erhaltenen Realisationen der multivariaten Normalverteilung zu den Schätzern $\hat{\Sigma}$ und $\hat{\mu}$. Sei $z = (z_1, \ldots, z_q)^T \in \mathbb{R}^q$ und $g(z) : \mathbb{R}^q \to \{0,1\}$ die Indikatorfunktion, welche den Wert 1 annimmt falls z außerhalb einer Spezifikationsgrenze liegt und 0 falls z innerhalb aller Grenzen liegt. Seien nun aus Vereinfachungsgründen USG und OSG die untere und obere Spezifikationsgrenze, innerhalb denen die i-te Marginalverteilung liegen soll (vgl. Gl. 7.37), dann ist

$$g(z) = \begin{cases} 0, z_i \in [USG, OSG]\ \forall i \in \{1, \ldots, q\} \\ 1, sonst. \end{cases} \tag{7.37}$$

Nun lässt sich das Integral $\Psi = \int_{\mathbb{R}^q} g(x) f(x)\, dx$, welches die Ausschusswahrscheinlichkeit eines Produktes berechnet, durch die Gleichung:

$$\hat{\Psi} = \frac{1}{n} \sum_{i=1}^{n} g(x_i) \tag{7.38}$$

simulieren, da für $n \to \infty \hat{\Psi}$ gegen $\mathbb{E}[\hat{\Psi}] = \Psi$ konvergiert (vgl. Gl. 7.38).

7.6.2 Bestimmung der Ausschusswahrscheinlichkeiten durch Monte Carlo Simulation unter Zuhilfenahme der multivariaten Normalverteilung

Die in Kap. 7.6.1 dargestellte theoretische Bestimmung der Ausschussrate eines Produktionsprozesses wird im Folgenden am Beispiel-Datensatz innerhalb der Fallstudie *Formbohrer* vorgestellt. Dieser Datensatz wird genutzt, um die Ausschusswahrscheinlichkeit bezogen auf die funktionskritischen Bohrermerkmale zu berechnen. Diese Berechnung wurde durch Bearbeitungen des Datensatzes mit der Software *R* (vgl. Sachs und Hedde-

Tab. 7.3 Beschreibung des Datensatzes, Fallstudie Formbohrer, über verschiedene Schwerpunktschätzer sowie Quantile

Marginal-verteilung	Minimum	0,25-Quantil	Median	Mittelwert	0,75-Quantil	Maximum
01	0,339	2,341	2,342	2,342	2,343	2,344
02	4,301	4,320	4,324	4,324	4,327	4,336
03	11,890	11,610	11,920	11,920	11,970	11,990
04	0,002	0,031	0,044	0,044	0,053	0,172
05	3,576	3,612	3,626	3,626	3,645	3,677
06	18,640	18,960	18,960	18,960	18,970	19,060
07	4,365	4,379	4,381	4,381	4,384	4,393
08	2,276	2,291	2,296	2,296	2,300	2,307
09	2,688	2,726	2,441	2,744	2,759	2,794
10	13,920	14,000	14,010	14,010	14,020	14,120

Tab. 7.4 Spezifikationsgrenzen der funktionskritischen Merkmale des Formbohrers (vgl. Tab. 7.2)

Marginalverteilung	Untere Spezifikationsgrenze	Obere Spezifikationsgrenze
01	2,334	2,35
02	4,250	4,35
03	11,850	12,05
04	0,000	0,05
05	3,610	3,67
06	18,850	19,05
07	4,380	4,40
08	2,300	2,33
09	2,710	2,77
10	13,800	14,20

rich 2009) und Implementierung der Vorgehensweise in dieser Sprache erreicht. Folglich wurden auch alle Histogramme dieses Kapitels mittel der Software *R* erstellt.

Beschreibungen des Datensatzes aus der Fallstudie Formbohrer

Der bereitgestellte Datensatz enthält Informationen zu zehn verschiedenen Merkmalen eines Formbohrer-Prototypen. Die vermessenen Formbohrer entstammen einer Musterfertigung in der frühen Entwicklungsphase (kein Serienstand) (vgl. Abb. 7.13).

Insgesamt wurden die Ausprägungen von 76 verschiedenen Formbohrer-Prototypenmustern einer Fertigungscharge dokumentiert. Die folgenden Tabellen stellen einige Erkenntnisse dar, welche aus den beobachteten Daten gewonnen wurden oder zur weiteren Bearbeitung von Interesse sind: Tab. 7.3 enthält Informationen über die Ausprägungen der Marginalverteilungen, während Tab. 7.4 die Spezifikationsgrenzen dieser Randverteilungen auflistet. Die empirische Kovarianzmatrix des Datensatzes ist durch $\hat{\Sigma}$ und der Vektor der Mittelwerte wiederum durch $\hat{\mu}$ gegeben. Da die Ausprägungen der Merkmale des

Formbohrers in Millimetern festgehalten wurden, entsprechen die Werte in den Tab. 7.3 und 7.4 wie auch in $\hat{\mu}$ ebenfalls dieser Maßeinheit. Die in $\hat{\Sigma}$ enthaltenen Zahlen sind folglich in Quadratmillimeter angegeben.

$$\hat{\Sigma} = 10^{-5} \begin{pmatrix} 0{,}15 & -0{,}07 & 0{,}32 & 0{,}13 & -0{,}35 & -0{,}13 & -0{,}01 & 0{,}12 & -0{,}35 & -0{,}14 \\ -0{,}07 & 7{,}06 & 9{,}63 & 2{,}83 & 16{,}33 & 11{,}98 & 5{,}21 & 4{,}50 & 17{,}75 & -4{,}48 \\ 0{,}23 & 9{,}63 & 90{,}46 & 10{,}57 & 49{,}51 & 69{,}44 & 7{,}93 & 5{,}96 & 44{,}93 & -5{,}83 \\ 0{,}13 & 2{,}83 & 10{,}57 & 55{,}57 & 9{,}08 & 4{,}10 & 2{,}42 & 1{,}90 & 10{,}61 & -4{,}66 \\ -0{,}35 & 16{,}33 & 49{,}51 & 9{,}08 & 60{,}19 & 57{,}09 & 11{,}82 & 8{,}67 & 61{,}67 & -17{,}31 \\ -0{,}13 & 11{,}98 & 69{,}44 & 4{,}10 & 57{,}09 & 107{,}34 & 7{,}98 & 4{,}35 & 55{,}81 & -15{,}48 \\ -0{,}01 & 5{,}21 & 7{,}93 & 2{,}42 & 11{,}82 & 7{,}98 & 4{,}01 & 3{,}36 & 12{,}86 & -2{,}86 \\ 0{,}12 & 4{,}50 & 5{,}96 & 1{,}90 & 8{,}67 & 4{,}35 & 3{,}36 & 5{,}17 & 9{,}19 & -3{,}42 \\ -0{,}35 & 17{,}75 & 44{,}93 & 10{,}61 & 61{,}67 & 55{,}81 & 12{,}83 & 9{,}19 & 66{,}32 & -18{,}55 \\ -0{,}14 & -4{,}48 & -5{,}83 & -4{,}66 & -17{,}31 & 15{,}48 & -2{,}86 & -3{,}42 & -18{,}55 & 60{,}20 \end{pmatrix}$$

$$\hat{\mu} = \left(2{,}34 \quad 4{,}32 \quad 11{,}94 \quad 0{,}04 \quad 3{,}63 \quad 18{,}98 \quad 4{,}38 \quad 2{,}29 \quad 2{,}74 \quad 14{,}01\right)^T.$$

Berechnung der Ausschusswahrscheinlichkeit

Im Folgenden wird die Ausschusswahrscheinlichkeit bezogen auf den zuvor vorgestellten Datensatz (Messwertreihen) auf Basis der in Kap. 7.6.1 beschriebene Vorgehensweise berechnet. Hierzu werden in einem ersten Schritt die Dichten der Marginalverteilungen unter Zuhilfenahme des AIC geschätzt. Hierbei stehen die Dichten der Normalverteilung, der logarithmierten Normalverteilung, der Rayleighverteilung, der zwei- und drei- parametrischen Weibullverteilung, der Gammaverteilung, der Exponentialverteilung sowie der kontaminierten Normalverteilung (KM) zur Auswahl. Die Ergebnisse des Auswahlprozesses sind in Tab. 7.5 aufgelistet und werden durch Abb. 7.14, 7.15, 7.16, 7.17, 7.18, 7.19, 7.20, 7.21, 7.22, und 7.23, welche die Marginalverteilungen in Histogrammen und die gefitteten Dichten in der Farbe Rot zeigt, sichtbar gemacht. Falls es die Skalierung der Abszisse erlaubt, sind die Spezifikationsgrenzen in blauer Farbe eingetragen. In Tab. 7.5 wird die Marginalverteilung mit MA abgekürzt.

Tab. 7.5 Ergebnisse des Auswahlprozesses bezogen auf die Marginalverteilungen eins bis zehn der Formbohrer-Merkmale

MV	Verteilung	Parameter									AIC
		μ	μ_1	μ_2	σ	σ_1	σ_2	ε	θ	κ	
01	Normal	2,3418			0,0012						−799,66
02	KM		4,31	4,33		0,0042	0,0039	0,800			−543,47
03	KM		11,91	11,97		0,0087	0,0110	0,420			−377,95
04	Rayleigh				0,0347						−364,98
05	KM		3,63	3,66		0,0238	0,0010	0,061			−345,39
06	KM		18,96	19,03		0,0074	0,0181	0,220			−408,63
07	KM		4,38	4,38		0,0084	0,0021	0,540			−571,10
08	Weibull								2,2981	385,78	−536,73
09	KM		2,70	2,75		0,0066	0,0210	0,880			−338,91
10	KM		14,01	14,03		0,0129	0,0426	0,210			−366,47

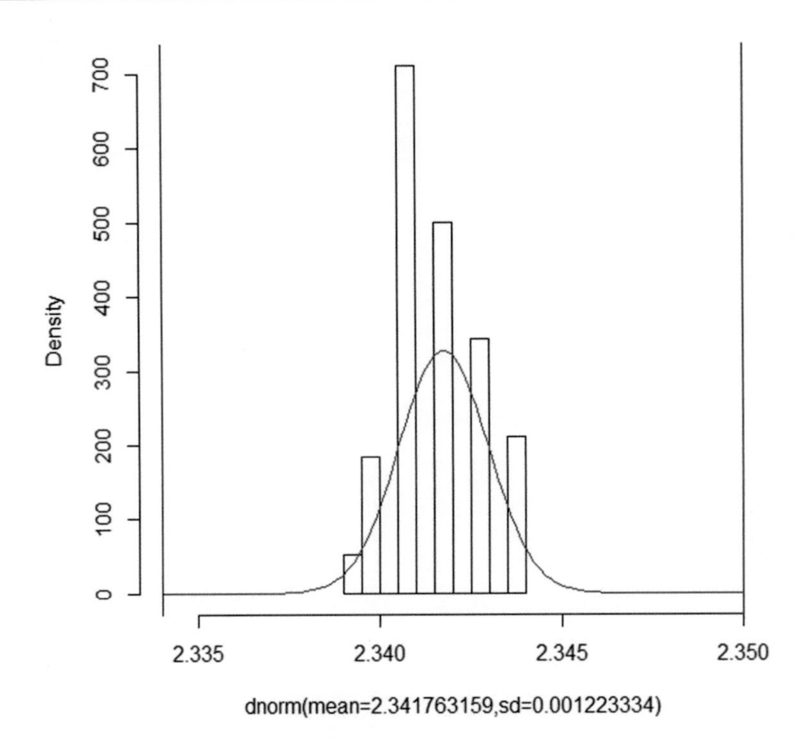

Abb. 7.14 Marginalverteilung 1; Formbohrermerkmal 1 (USG/OSG)

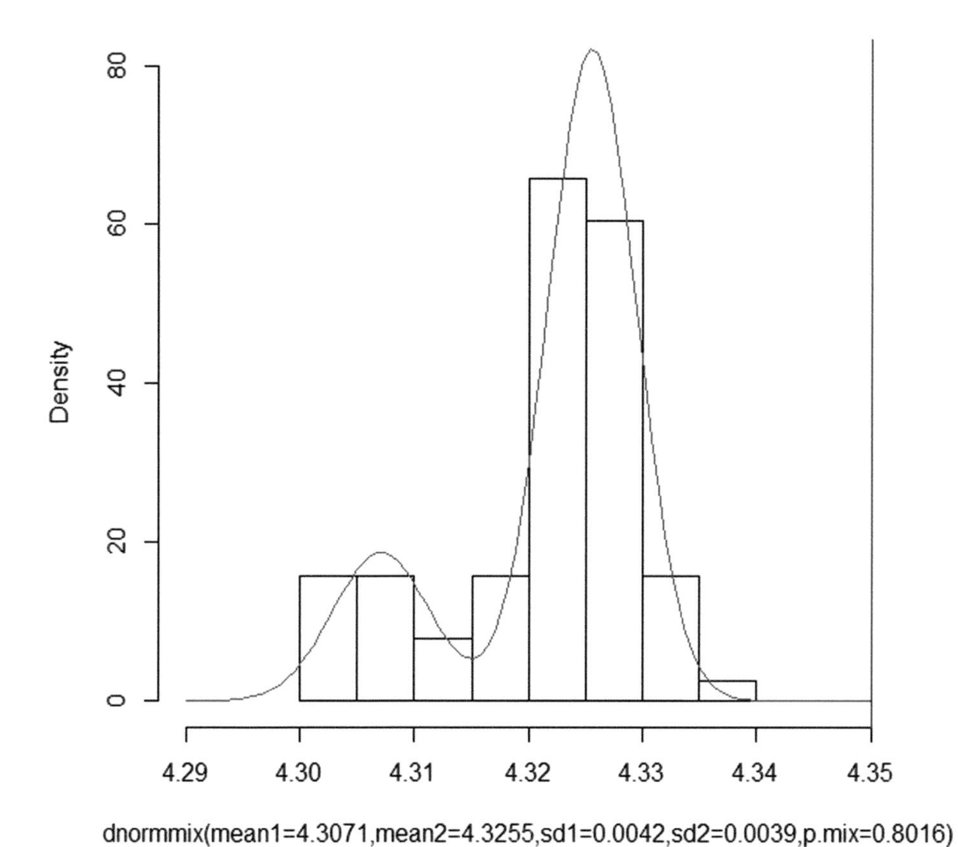

Abb. 7.15 Marginalverteilung 2; Formbohrermerkmal 2 (USG/OSG)

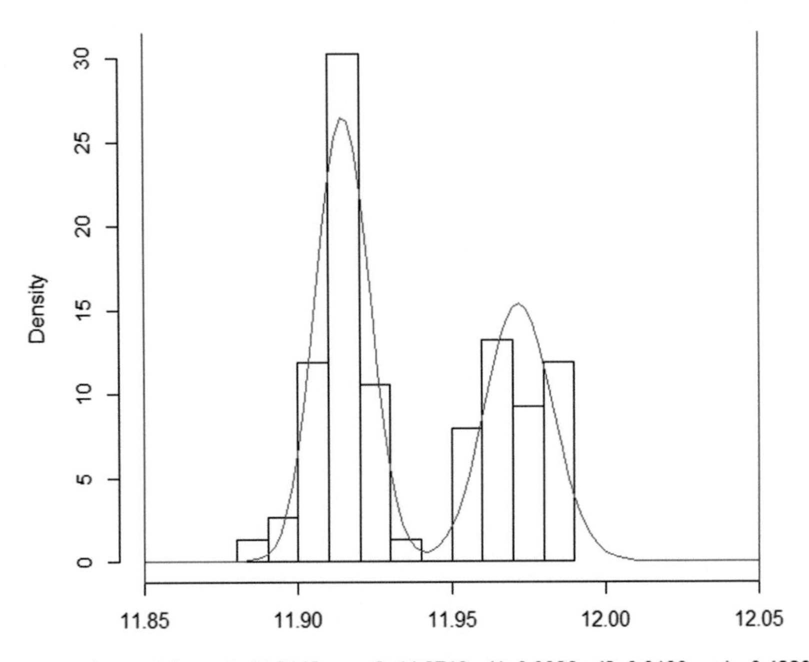

Abb. 7.16 Marginalverteilungen 3; Formbohrermerkmal 3 (USG/OSG)

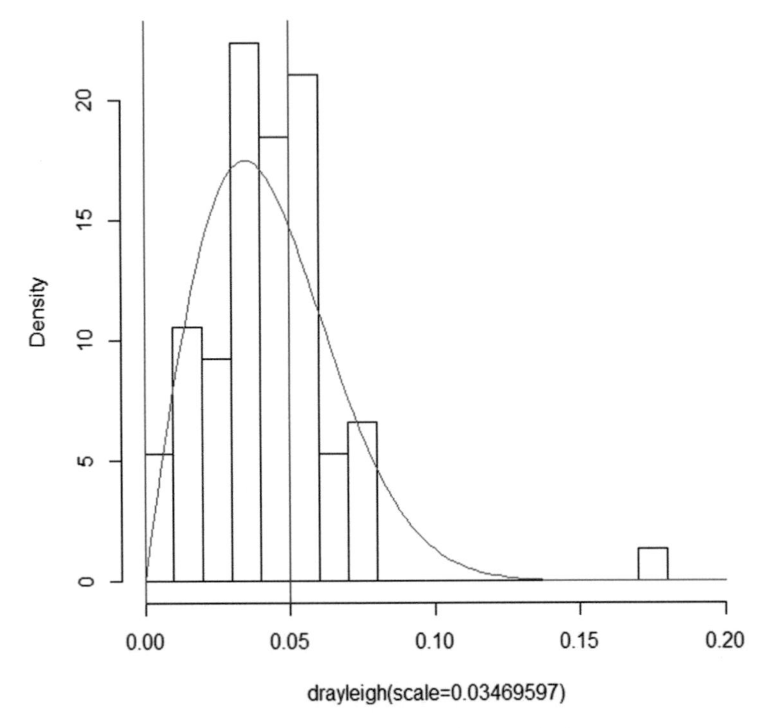

Abb. 7.17 Marginalverteilungen 4; Formbohrermerkmal 4 (USG/OSG)

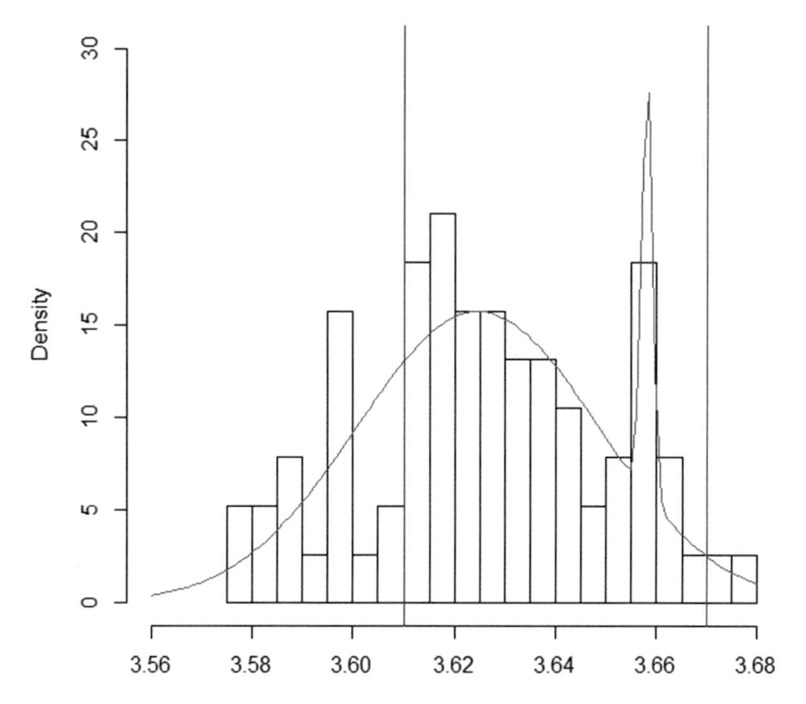

Abb. 7.18 Marginalverteilungen 5; Formbohrermerkmal 5 (USG/OSG)

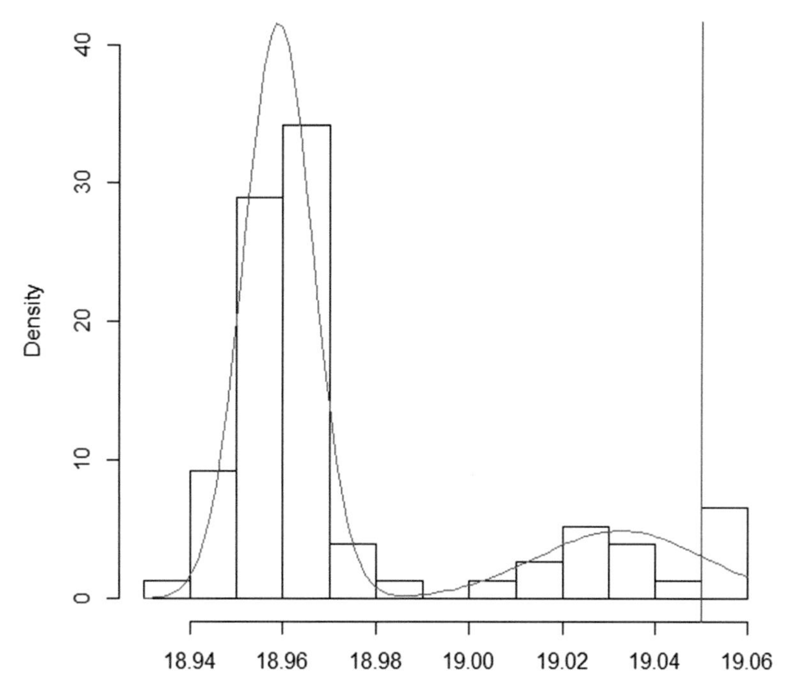

Abb. 7.19 Marginalverteilungen 6; Formbohrermerkmal 6 (USG/OSG)

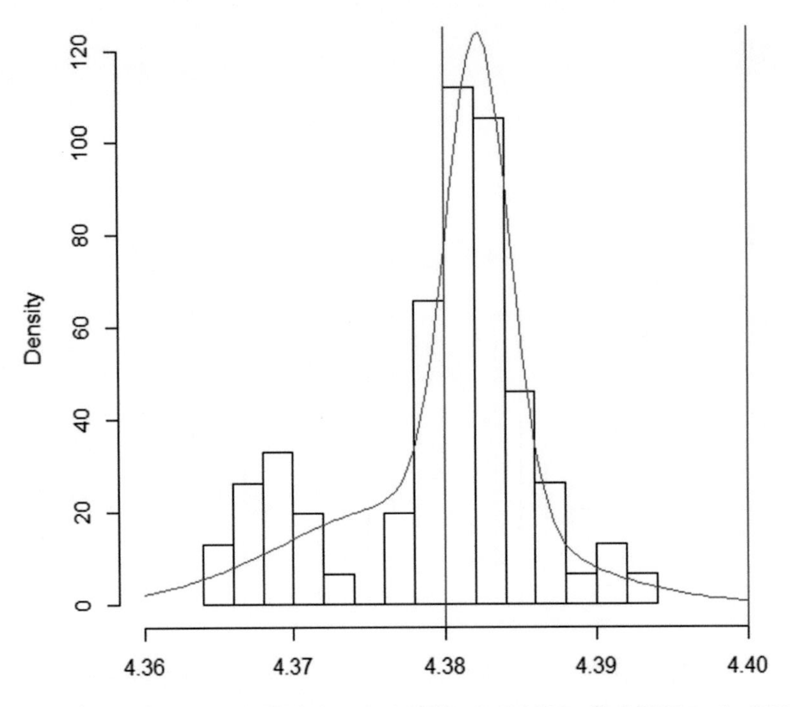

Abb. 7.20 Marginalverteilungen 7; Formbohrermerkmal 7 (USG/OSG)

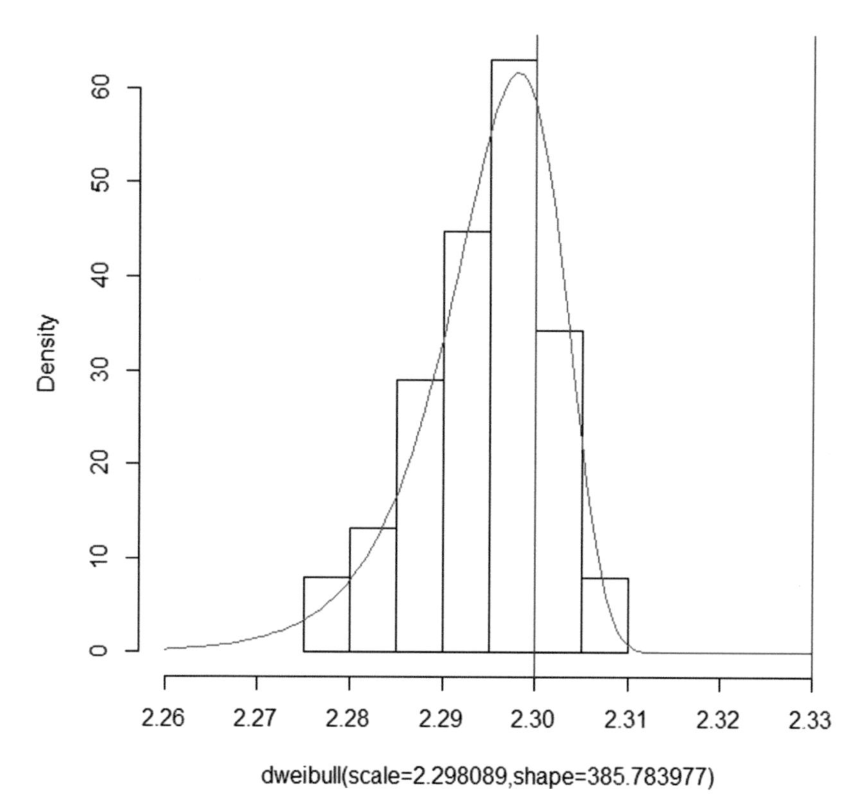

Abb. 7.21 Marginalverteilungen 8; Formbohrermerkmal 8 (USG/OSG)

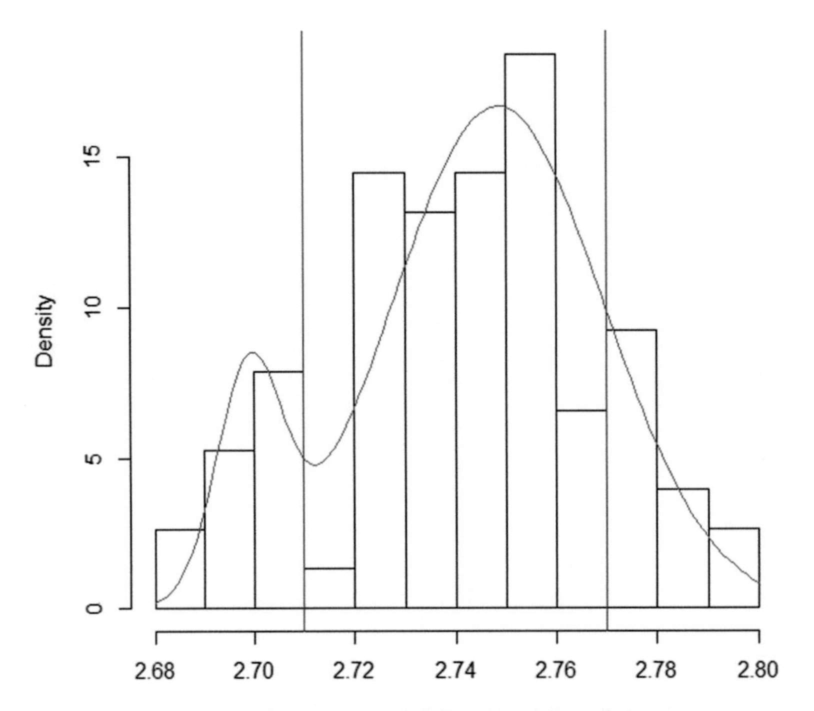

Abb. 7.22 Marginalverteilungen 9; Formbohrermerkmal 9 (USG/OSG)

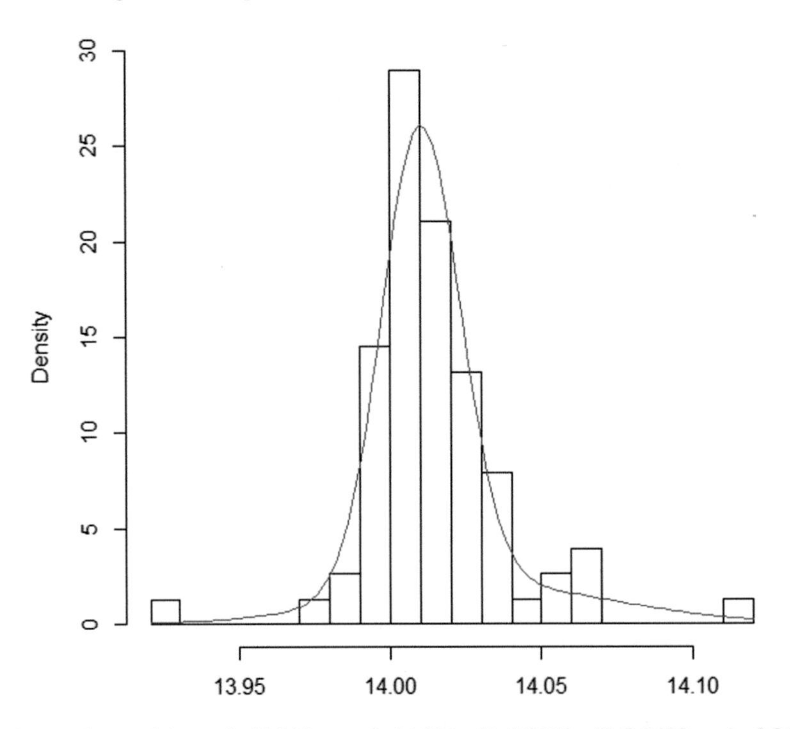

Abb. 7.23 Marginalverteilungen 10; Formbohrermerkmal 10 (USG/OSG)

Mit den gefitteten Dichten ist es nun möglich, die Funktion Φ (7.26) aufzustellen und den Datensatz zu transformieren. In einem ersten Schritt der Transformation werden die Stichproben der Marginalverteilungen in uniform verteilte Stichproben umgewandelt. Die Ergebnisse dieses Schrittes sind durch Abb. 7.24, 7.25, 7.26, 7.27, 7.28, 7.29, 7.30, 7.31 7.32, und 7.33 dokumentiert. In den Abb. 7.34, 7.35, 7.36, 7.37, 7.38, 7.39, 7.40, 7.41, 7.42, und 7.43 ist die Marginalverteilungen nach vollendeter Transformation dargestellt. In den dort dargestellten Histogrammen ist die Standardnormalverteilung erneut in roter

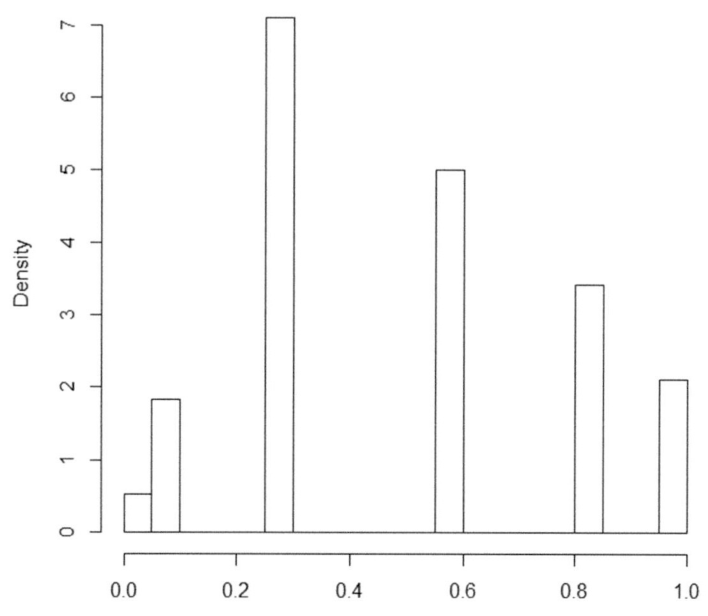

Abb. 7.24 Uniforme Marginalverteilungen 1

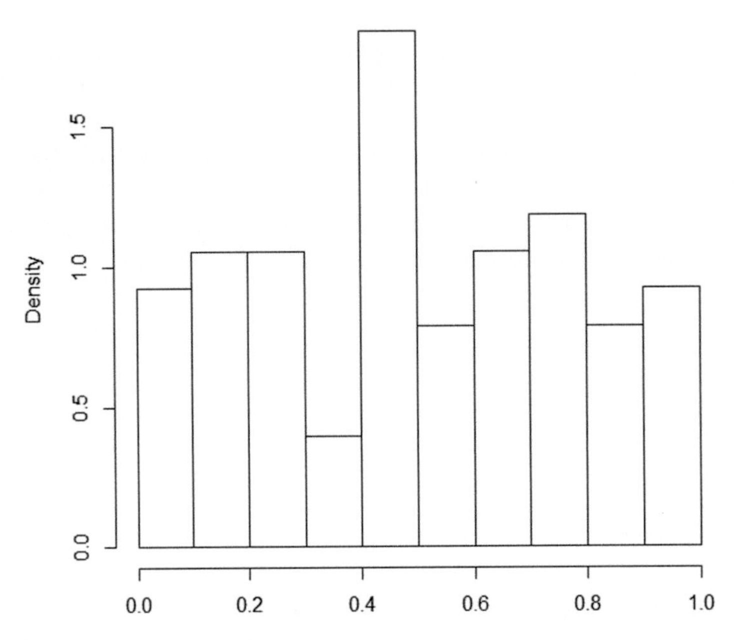

Abb. 7.25 Uniforme Marginalverteilung 2

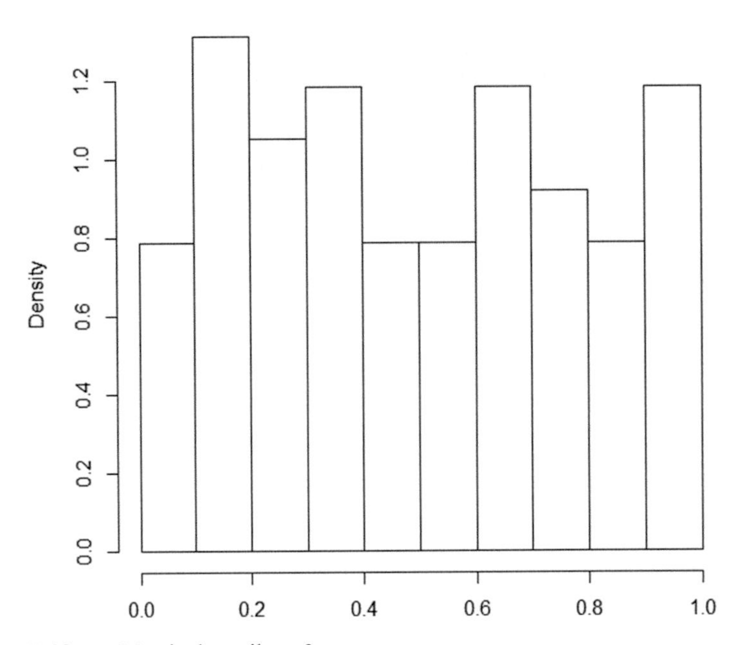

Abb. 7.26 Uniforme Marginalverteilung 3

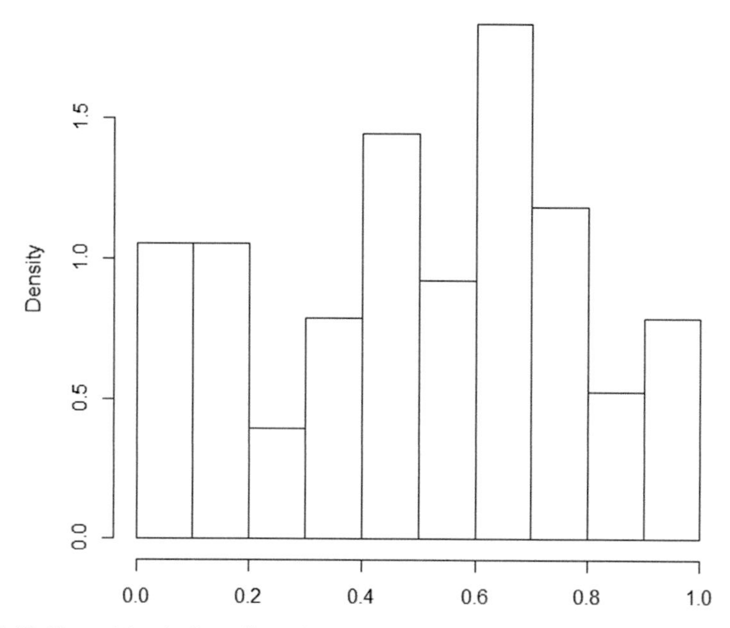

Abb. 7.27 Uniforme Marginalverteilung 4

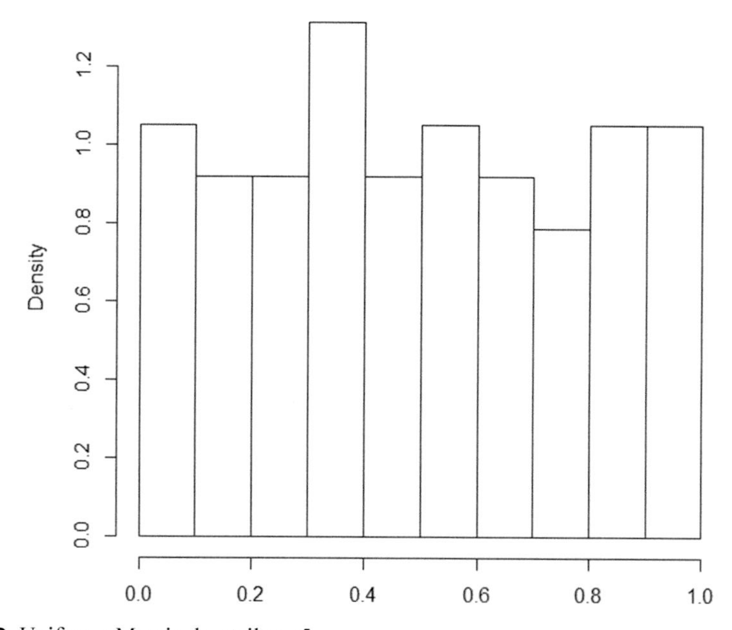

Abb. 7.28 Uniforme Marginalverteilung 5

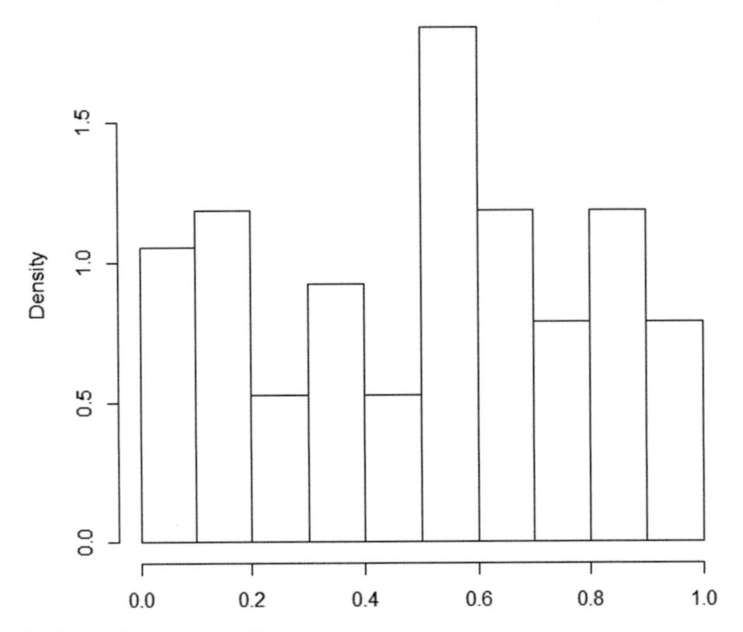

Abb. 7.29 Uniforme Marginalverteilung 6

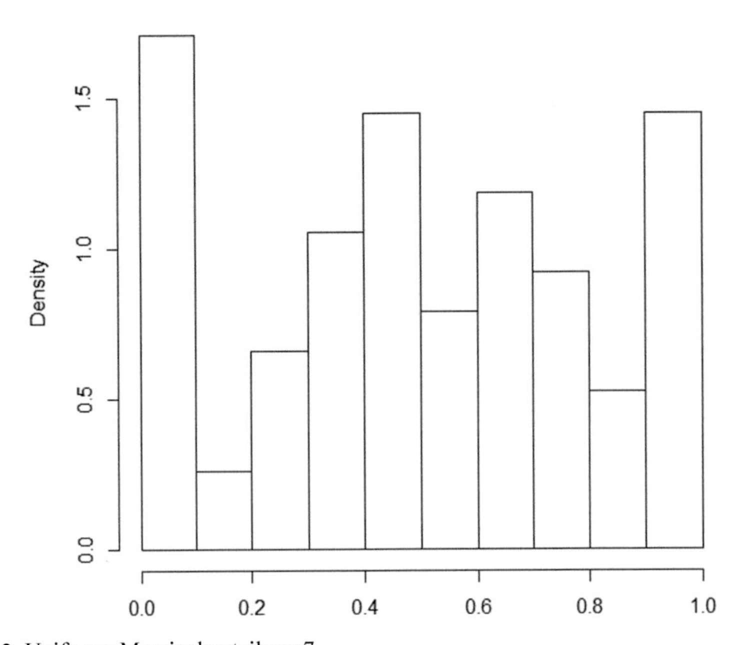

Abb. 7.30 Uniforme Marginalverteilung 7

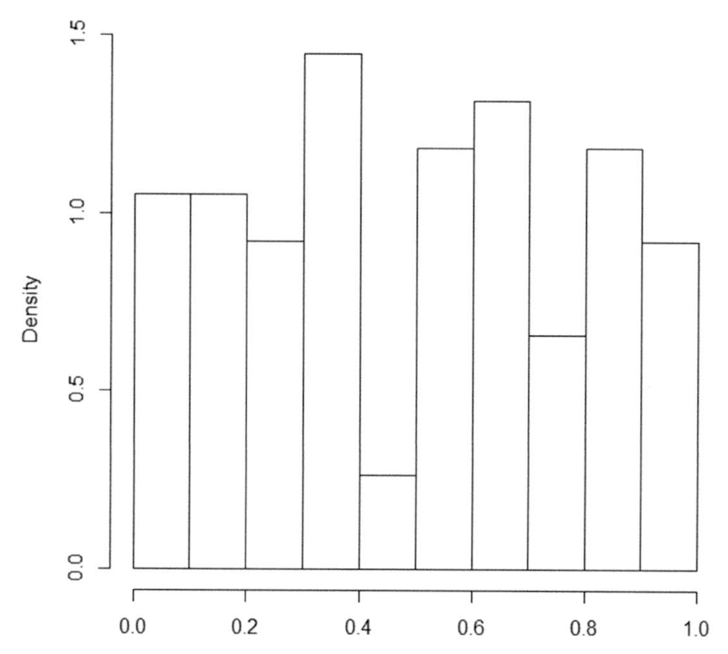

Abb. 7.31 Uniforme Marginalverteilung 8

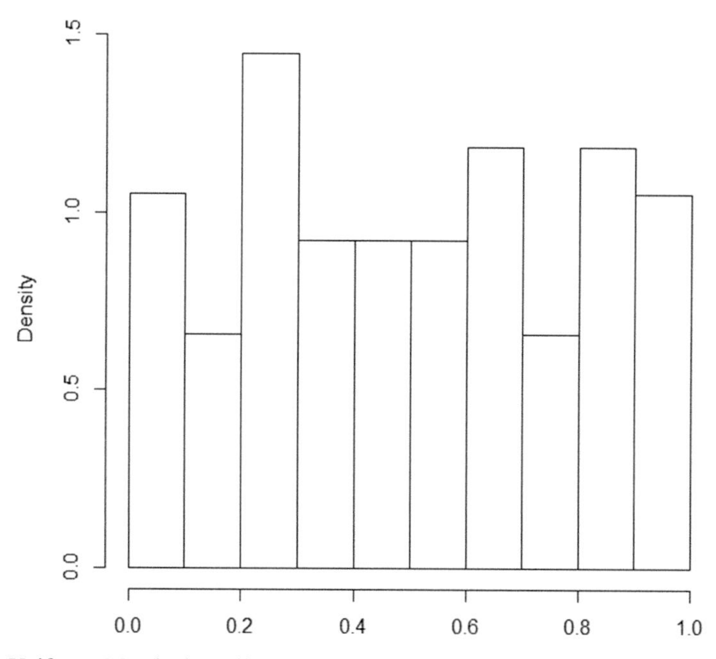

Abb. 7.32 Uniforme Marginalverteilung 9

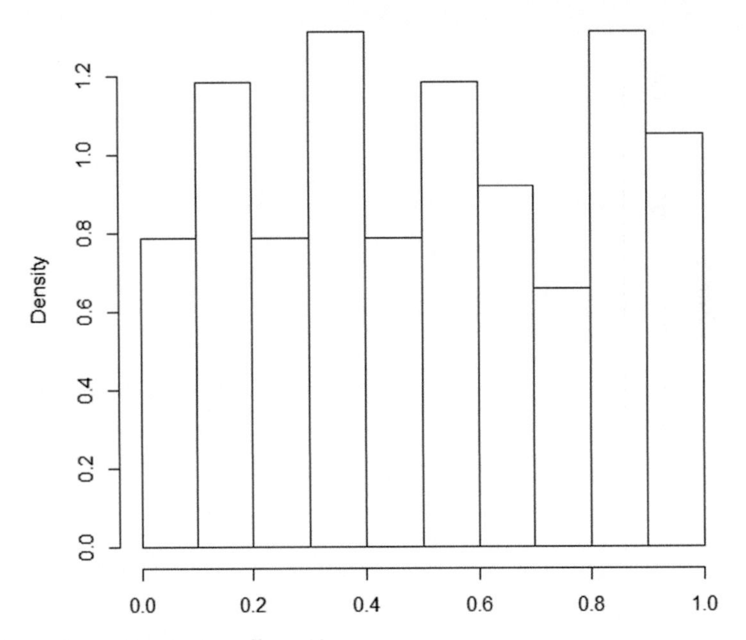

Abb. 7.33 Uniforme Marginalverteilung 10

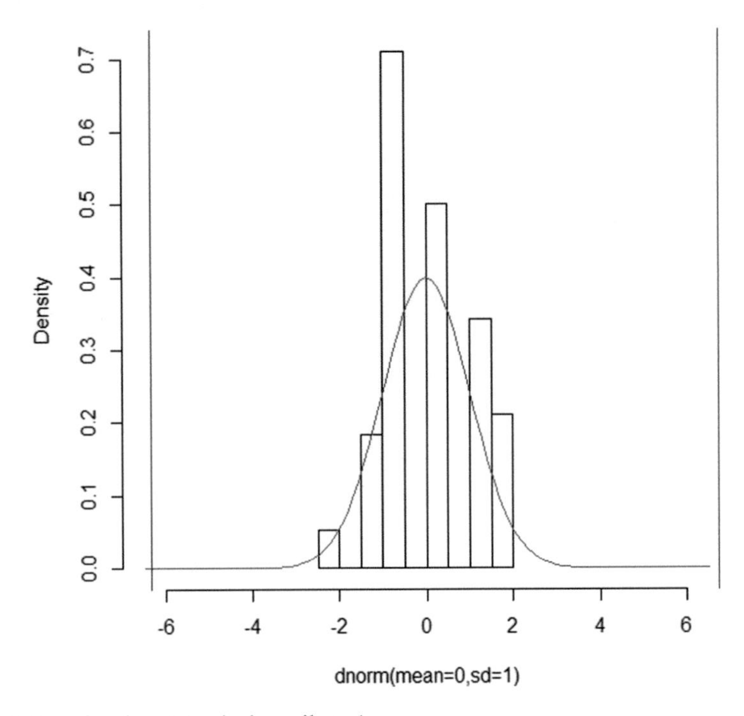

Abb. 7.34 Transformierte Marginalverteilung 1

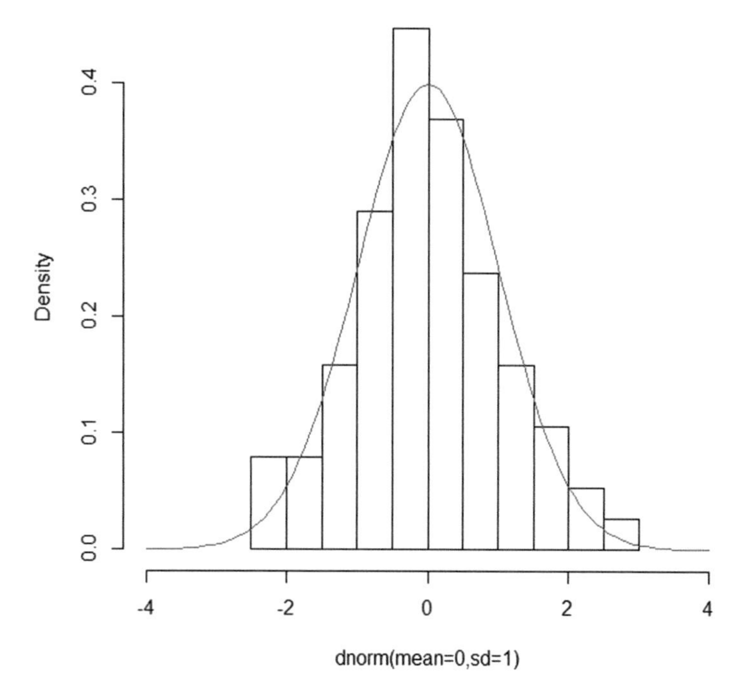

Abb. 7.35 Transformierte Marginalverteilung 2

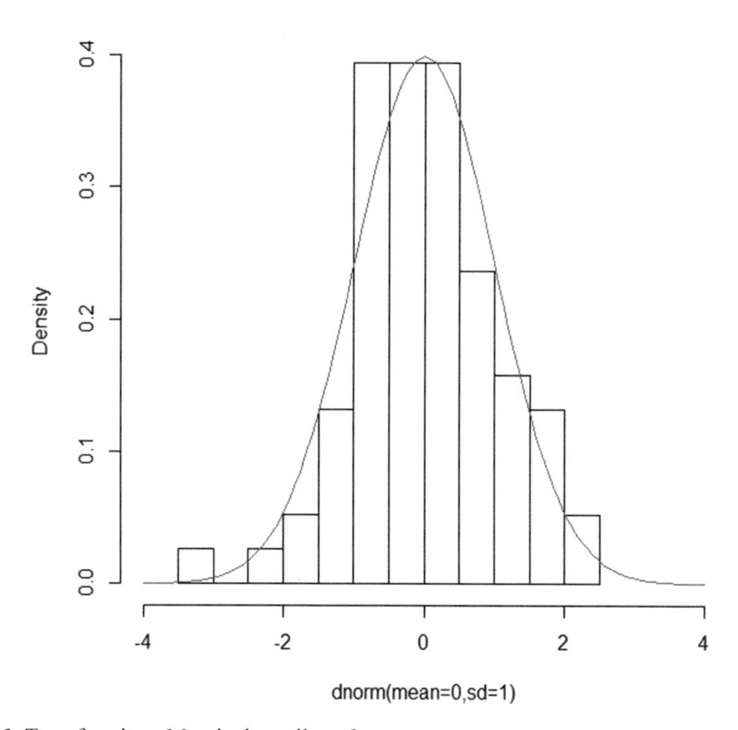

Abb. 7.36 Transformierte Marginalverteilung 3

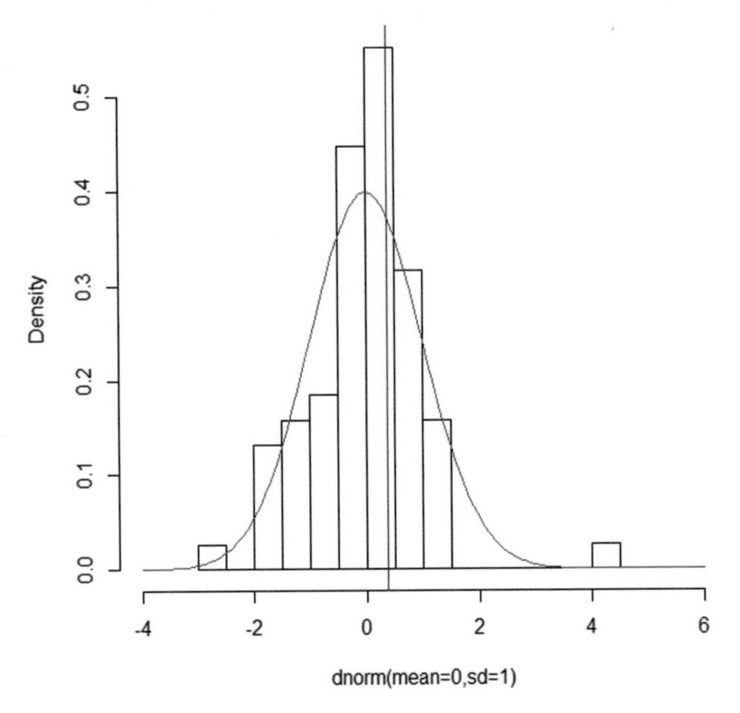

Abb. 7.37 Transformierte Marginalverteilung 4

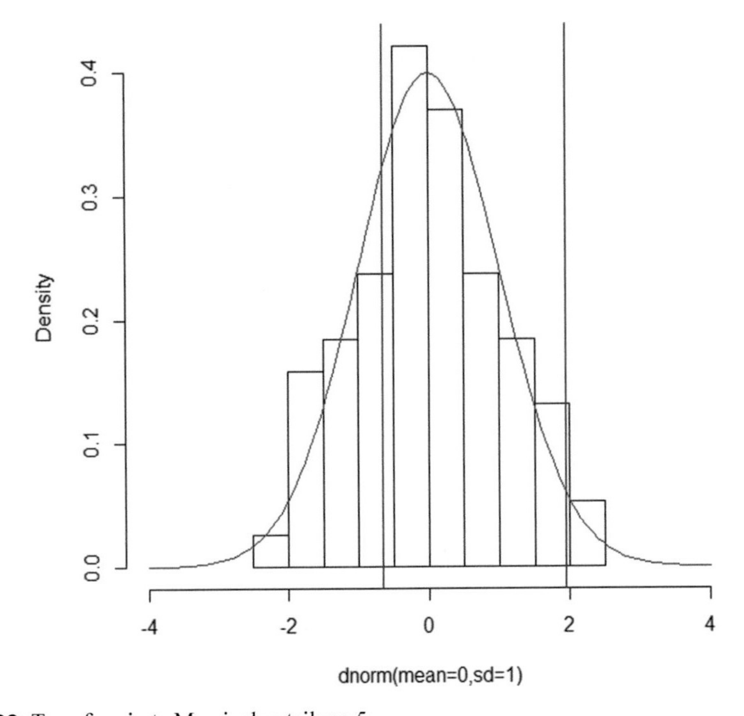

Abb. 7.38 Transformierte Marginalverteilung 5

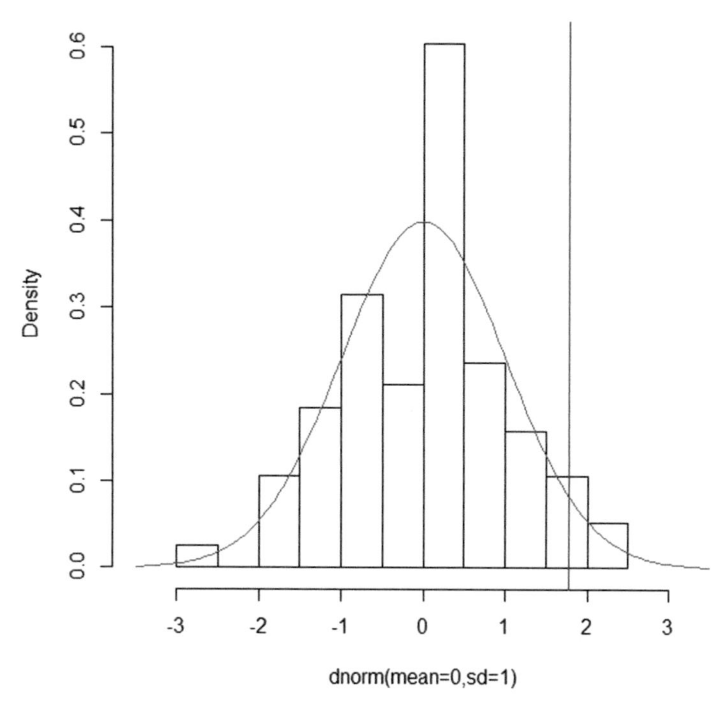

Abb. 7.39 Transformierte Marginalverteilung 6

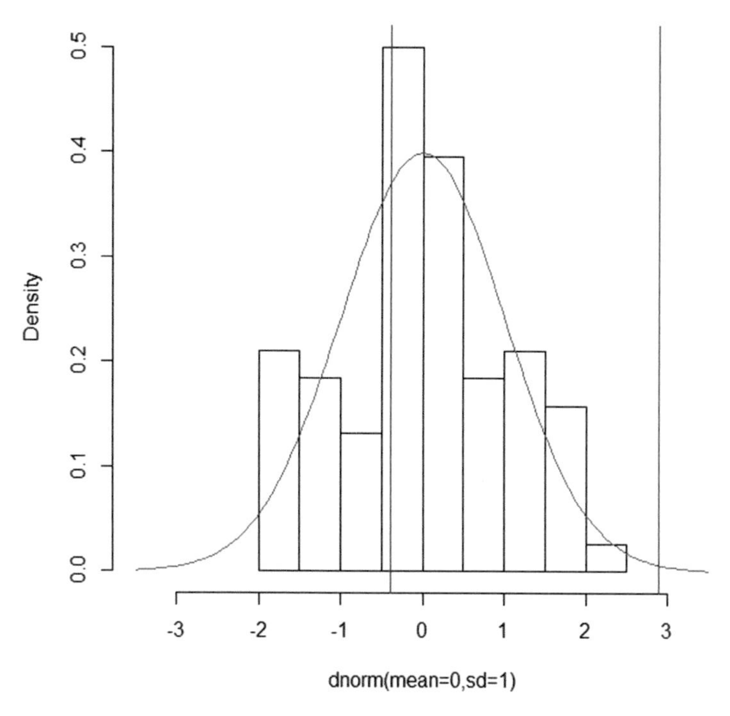

Abb. 7.40 Transformierte Marginalverteilung 7

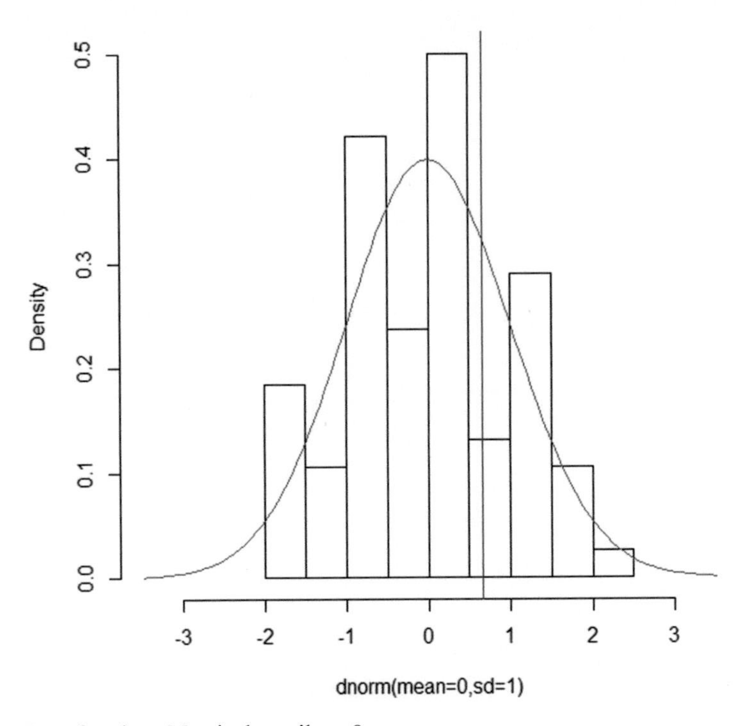

Abb. 7.41 Transformierte Marginalverteilung 8

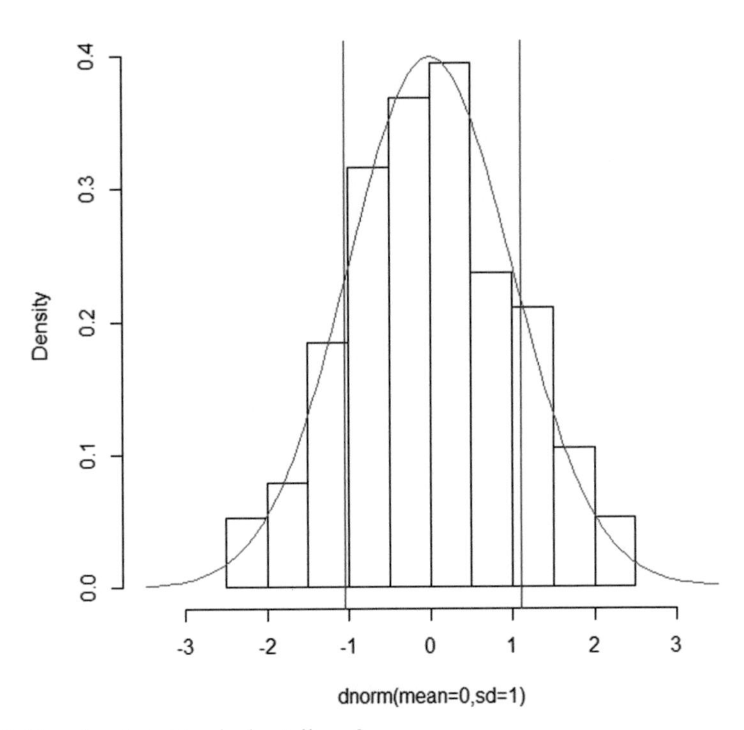

Abb. 7.42 Transformierte Marginalverteilung 9

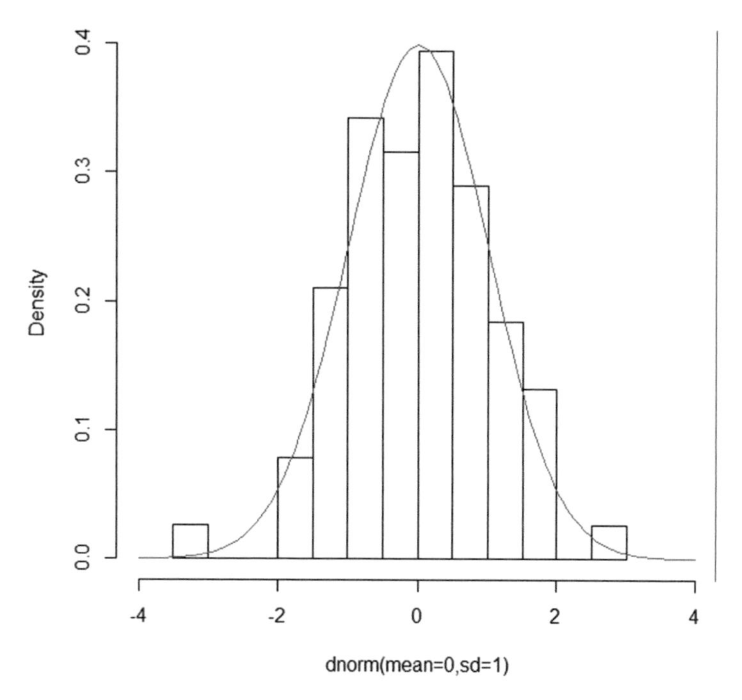

Abb. 7.43 Transformierte Marginalverteilungen 10

Farbe markiert. Die transformierten Spezifikationsgrenzen, welche auch Tab. 7.6 entnommen werden können, sind blau eingezeichnet.

$\hat{\Sigma}_{\Phi}$ (vgl. Gl. 7.21) stellt die empirische Kovarianzmatrix und $\hat{\mu}_{\Phi}$ (vgl. Gl. 7.20) wiederum den Vektor der Mittelwerte des transformierten Datensatzes da. Mithilfe dieser beiden Parameter werden multivariat normalverteilte Zufallszahlen für die MC-Simulation erzeugt.

$$\hat{\Sigma} = 10^{-5} \begin{pmatrix} 1{,}01 & -0{,}04 & 0{,}10 & 0{,}07 & -0{,}11 & 0{,}03 & 0{,}01 & -0{,}18 & -0{,}11 & -0{,}03 \\ -0{,}04 & 1{,}02 & 0{,}40 & 0{,}15 & 0{,}75 & 0{,}58 & 0{,}99 & 0{,}66 & 0{,}76 & -0{,}24 \\ 0{,}10 & 0{,}40 & 1{,}02 & 0{,}20 & 0{,}62 & 0{,}62 & 0{,}41 & 0{,}25 & 0{,}56 & -0{,}08 \\ 0{,}07 & 0{,}15 & 0{,}20 & 1{,}03 & 0{,}18 & 0{,}07 & 0{,}18 & 0{,}13 & 0{,}21 & -0{,}12 \\ -0{,}11 & 0{,}75 & 0{,}62 & 0{,}18 & 1{,}02 & 0{,}71 & 0{,}74 & 0{,}41 & 0{,}99 & -0{,}25 \\ -0{,}03 & 0{,}58 & 0{,}62 & 0{,}07 & 0{,}71 & 1{,}02 & 0{,}56 & 0{,}36 & 0{,}69 & -0{,}29 \\ 0{,}01 & 0{,}99 & 0{,}41 & 0{,}18 & 0{,}74 & 0{,}56 & 1{,}04 & 0{,}67 & 0{,}74 & -0{,}23 \\ 0{,}18 & 0{,}66 & 0{,}25 & 0{,}13 & 0{,}41 & 0{,}36 & 0{,}67 & 0{,}99 & 0{,}38 & -0{,}09 \\ -0{,}11 & 0{,}76 & 0{,}56 & 0{,}21 & 0{,}99 & 0{,}69 & 0{,}74 & 0{,}38 & 1{,}02 & -0{,}27 \\ -0{,}03 & -0{,}24 & -0{,}08 & -0{,}12 & -0{,}25 & -0{,}29 & -0{,}23 & -0{,}09 & -0{,}27 & 1{,}01 \end{pmatrix}$$

$$\hat{\mu}_{\Phi} = (0.0000 - 0.0035 \quad 0.0050 - 0.0120 \quad 0.0049 \quad 0.0040 \quad 0.0277 - 0.0004 - 0.0003 \quad 0.0122)^T$$

Tab. 7.6 Transformierte Spezifikationsgrenzen der funktionskritischen Merkmale eins bis zehn, Fallstudie *Formbohrer* (Prototypenentwurf)

Marginalverteilung	Transformierte Untergrenze	Transformierte Obergrenze
01	−6,35	6,73
02	−13,63	6,31
03	−7,52	7,24
04	∞	0,37
05	−0,67	1,94
06	−10,22	1,78
07	−0,39	2,87
08	0,68	∞
09	−1,05	1,11
10	−5,70	4,30

Tab. 7.7 Ausschusswahrscheinlichkeiten der Marginalverteilungen (je funktionskritischem Formbohrer-Merkmal) des bereitgestellten Datensatzes

Marginalverteilung	Ausschusswahrscheinlichkeit (empirische)	Ausschusswahrscheinlichkeit (geschätzte)
01	0,00000	0,00000
02	0,00000	0,00000
03	0,00000	0,00000
04	0,34211	0,35186
05	0,25000	0,28176
06	0,06579	0,03922
07	0,26316	0,34239
08	0,72368	0,74964
09	0,30263	0,28468
10	0,00000	0,00001

Die MC-Simulation schätzt die Ausschusswahrscheinlichkeit (Ereignis A) des Datensatzes, bei fünf Durchführungen, auf die folgenden Werte:

- $P\,(\text{Ereignis A})_1 = 0{,}91151$,
- $P\,(\text{Ereignis A})_2 = 0{,}911105$,
- $P\,(\text{Ereignis A})_3 = 0{,}91095$,
- $P\,(\text{Ereignis A})_4 = 0{,}9115$,
- $P\,(\text{Ereignis A})_5 = 0{,}911475$.

Die empirische Ausschussrate des Datensatzes beträgt 0,9210526 und ist somit im Vergleich ca. 1 % höher als die durch MC-Simulation bestimmten Ausschusswahrscheinlichkeiten. In Tab. 7.7 wird der Anteil der verschiedenen Marginalverteilungen an dieser Quote verdeutlicht. Zum Vergleich listet Tab. 7.7 ebenfalls die durch MC-Simulation geschätzten

Ausschusswahrscheinlichkeiten der Marginalverteilungen (je funktionskritischem Formbohrer-Merkmal) auf.

Die auf Basis der durchgeführten Simulationen bestimmten Ausschusswahrscheinlichkeiten (Überschreitungsanteile) nähern sich sehr gut der empirisch bestimmten Ausschusswahrscheinlichkeiten: Die Differenz zwischen empirisch bestimmter und geschätzter Wahrscheinlichkeit beträgt im Schnitt 1 %. Der Ansatz 4-TSNV ist geeignet, um eine Ausschusswahrscheinlichkeit auf Basis eines Merkmal-Sets, auch bei gegenseitiger Abhängigkeit der Merkmale, zu errechnen. Die Ergebnisse des Ansatzes 4-TSNV (MC-Simulation) zeigen ähnliche Größenordnungen im Vergleich zum Ansatz 3-WV (vgl. Kap. 7.5).

Literatur

Bracke, S., Backes, B.: Multidimensional Analyses of Manufacturing Processes: Process Capability within the Case Study Shape Drill Manufacturing. 15th IFAC/IEEE/IFIP/IFORS Symposium on Information Control in Manufacturing (INCOM 2015, May 11–13), Ottawa, Canada (2015)

Bracke, S., Pospiech, M.: Risk Analysis and Weibulltion within High-Precision Dental Tool Manufacturing: Multidimensional Failure Probabilities and Validation. Wroclaw, Poland (2014)

Bracke, S., Michalski, J., Pospiech, M.: Multivariate Manufacturing Process Validation: Risk Weibulltion within High-Precision Dental Tool Manufacturing. Amsterdam, Netherlands (2013)

Fahrmeir, L.: Statistik: Der Weg zur Datenanalyse. Springer, Berlin (2007)

Georgii, H.-O.: Stochastik: Einführung in die Wahrscheinlichkeitstheorie und Statistik. De Gruyter, Berlin (2009)

Hamerle, A., Fahrmeir, L.: Multivariate statistische Verfahren. Walter de Gruyter, Berlin (1984)

Hanagal, D. (Hrsg.): A multivariate Weibull distribution. Econ. Qual. Control **11**, 193–200 (1996)

Kundu, D., Gupta, A.K.: On bivariate Weibull-Geometric distribution. J. Multivar. Anal. **123** (2014). doi:10.1016/j.jmva.2013.08.004

Lee, L.: Multivariate distributions having Weibull properties. J. Multivar. Anal. **9**. Elsevier Inc. (1979). doi:10.1016/0047-259X(79)90084-8

Lu, J.-C., Bhattacharyya, G.K.: Some new constructions of bivariate Weibull models. Ann. Inst. Stat. Math. (1990). doi:10.1007/BF00049307

Lee, C.K., Wen, M.-J.: A Multivariate Weibull Disitribution. arXiv preprint math/0609585 (2006)

Lu, J.-C.: Least squares estimation for a multivariate Weibull model of hougaard based on accelerated life test of component and system. http://www.stat.ncsu.edu/information/library/mimeo.archive/ISMS_1989_1963.pdf (2008). Zugegriffen: 16. März 2015

Meister, A.: Numerik linearer Gleichungssysteme: Eine Einführung in moderne Verfahren. Vieweg + Teubner Verlag/Springer, Wiesbaden (2011)

Papula, L: Mathematische Formelsammlung für Ingenieure und Naturwissenschaftler: Mit Zahlreichen Rechenbeispielen und einer ausführlichen Integraltafel. springer Vieweg, Berlin (2014)

Papula, L.: Mathematik für Ingenieure und Naturwissenschaftler: Band 3; Vektoranalysis, Wahrscheinlichkeitsrechnung, Mathematische Statistik, Fehler- und Ausgleichsrechnung; mit zahlreichen Beispielen aus Naturwissenschaft und Technik sowie 285 Übungsaufgaben mit ausführlichen Lösungen. 5. Vieweg + Teubner Verlag, Wiesbaden (2008)

Rinne, H.: The Weibull Distribution: A Handbook. CRC Press, Boca Raton (2009)

Rizzo, M.L.: Statistical Computing with R. Chapman & Hall/CRC, Chapman & Hall/CRC Computer Science and Data Analysis Series. Chapman and Hall/CRC, Boca Raton (2008)

Sachs, L., Hedderich, J.: Angewandte Statistik: Methodensammlung mit R. 13. Springer, Berlin (2009)
Schmid, F., Trede, M.: Finanzmarktstatistik: Mit 35 Tabellen. Springer, Berlin (2006)
Verband der Automobilindustrie e. V. Qualitäts Management Center: Band 4 Ringbuch: Sicherung der Qualität in der Prozesslandschaft. Eigenverlag, Berlin (2011a)
Verband der Automobilindustrie e. V. Qualitäts Management Center: Band 5: Prüfprozesseignung, Eignung von Messsystemen, Mess- und Prüfprozessen, Erweiterte Messunsicherheit, Konformitätsbewertung. Eigenverlag, Berlin (2011b)
Villanueva, D., Feijóo, A., Pazos, J.L.: Multivariate Weibull Distribution for Wind Speed and Wind Power Behavior Assessment. MDPI AG (2013). doi:10.3390/resources2030370
Voss, S., Höchst, B.: Hager & Meisinger GmbH. http://www.meisinger.de (2015). Zugegriffen: 15. Juli 2015

8 Zusammenfassung und Bewertung der vier entwickelten Ansätze zur mehrdimensionalen Prozessbewertung

Grundlage der Bestimmung eines mehrdimensionalen Prozessfähigkeitsindizes ist der Zusammenhang zwischen C_p-/C_{pk}-Prozessfähigkeitsindex und statistisch zu erwartender Ausschusswahrscheinlichkeit (vgl. Kap. 7.2) bei univariater Betrachtung (Berechnung eines C_p-/C_{pk}-Kennwertes zu jeweils einem funktionskritischen Merkmal).

Im Rahmen der Kap. 7.3 bis 7.6 wurden vier Ansätze aufgezeigt, um eine potentielle Ausschusswahrscheinlichkeit auf Basis mehrerer funktionskritischer Merkmale (Merkmalset) zu berechnen:

Ansatz 1-WR: Unabhängige Merkmale – Einzelbetrachtung
Ansatz 2-NV: Normalverteilte Merkmale – unabhängige Merkmale
Ansatz 3-WV: Weibullverteilte Merkmale – unabhängige Merkmale
Ansatz 4-TSNV: Transformation beliebig verteilter Merkmale auf multivariate NV und Monte-Carlo Simulation – unabhängige/abhängige Merkmale

Die Bestimmung eines mehrdimensionalen Prozessfähigkeitsindizes MPC erfolgt hiernach im Sinne eines Analogons über den Zusammenhang der Ausschusswahrscheinlichkeit und der C_p-/C_{pk}-Werte (vgl. Kap. 7.2).

Die nachfolgenden Kapitel zeigen einen inhaltlichen Vergleich wie auch qualitativ die Vor- und Nachteile der vier verschiedenen Ansätze 1-WR, 2-NV, 3-WV und 4-TSNV zueinander sowie zum univariaten State-of-the-Art C_p-/C_{pk} auf.

S. Bracke, *Prozessfähigkeit bei der Herstellung komplexer technischer Produkte*,
DOI 10.1007/978-3-662-48214-8_8

8.1 Allgemeine Vorgehensweise zur Prozessbewertung

Für den Anwender ergibt sich aus den skizzierten Vor- und Nachteilen der vier multivariaten Ansätze (vgl. Kap. 7.3–7.6) ebenso der gezeigten Eigenschaften eine allgemeine Vorgehensweise zur multivariaten Prozessfähigkeitsanalyse, welche in Tab. 8.1 skizziert ist.

In der Tab. 8.1 werden die grundlegenden Schritte (vgl. Tab. 8.1, zweite Spalte) und die dazu benötigten statistischen Methoden/Systematiken sowie Referenzen/Literaturverweise (vgl. Tab. 8.1, 3. Spalte) zur univariaten respektive multivariaten Produktionsprozessanalyse aufgezeigt.

Tab. 8.1 Allgemeine Vorgehensweise zur Durchführung einer multivariaten Prozessfähigkeitsuntersuchung

Nr.	Arbeitsschritt Prozessfähigkeitsuntersuchung	Methode/Referenzen (Beispiele)
Abschnitt A Voruntersuchungen		
1	Analyse des Bauteils und Definition der funktionskritischen Merkmale	FMEA/FTA
2	Durchführung Prüfprozesseignungsanalyse	C_g-/C_{gk} – und Q_{MS}-/Q_{MP}-Studie (vgl. Kap. 4.1)
3	Maschinenfähigkeitsanalyse	C_m-/C_{mk}-Studie (vgl. Kap. 4.2)
4	Analyse der Merkmal-Verteilungsmodelle	Parameterfit; Goodness-of-Fit-Test (Kolmogorow-Smirnow Test)
Abschnitt B Univariate Prozessfähigkeitsuntersuchung		
1	Prozessanalysen; C_p-, C_{pk}-Studie	C_p-/C_{pk}-Kennwerte (vgl. Kap. 5.1)
Abschnitt C Multivariate Prozessfähigkeitsuntersuchung		
1	Korrelationsanalyse hinsichtlich funktionskritischer Merkmale	Bravais-Pearson´s r, Spearmann´s r_s, Kendalls´s τ (vgl. Kap. 4.3)
2	Auswahl/Durchführung eines geeigneten Ansatzes zur Bestimmung des Überschreitungsanteils auf Basis $n>1$ funktionskritischer Merkmale	ppm- Rate; vgl. Kap. 7
2.1	Unabhängige Merkmale, verschiedene Merkmalsmodelle	Ansatz: 1-WR; 3-WV; 4-TSNV; vgl. Kap. 7.2, 7.3, 7.5, 7.6
2.2	Unabhängige Merkmale, jeweils Normalverteilung	Ansatz: 2-NV; 4-TSNV; vgl. Kap. 7.2, 7.4, 7.6
2.3	Abhängige Merkmale	Ansatz: 4-TSNV; vgl. Kap. 7.6
3	Bildung eines mehrdimensionalen Fähigkeitskennwertes MPC auf Basis $n>1$ funktionskritischer Merkmale als Analogon zum univariaten Fall	Funktionaler Zusammenhang C_p-/C_{pk}-Kennwerte vs. ppm- Rate; vgl. Kap. 7.2
4	Abschließende Prozessbewertung; Deutung der Modellparameter	Interpretation von μ und σ der Normalverteilung oder b, T und Lambda der Weibullverteilung

8.2 Vergleich von univariater versus multivariater Prozessbewertung

Der Vergleich des Stands der Technik C_p-/C_{pk}-Index und die Anwendung der entwickelten, multivariaten Ansätze zeigt Tab. 8.2. Die Vor- und Nachteile des jeweiligen Ansatzes sind leicht über den Vergleich der Kriterien (Tabellen- Spalte) zu erkennen. Der traditionelle Ansatz der univariaten Merkmalsanalyse hat den Vorteil, dass jedes einzelne Merkmal und damit der dazugehörige Fertigungsprozessschritt bewertet werden kann. Nachteilig ist, dass je Merkmal ein C_p-/C_{pk}-Wert berechnet wird und damit bei technisch komplexen Produkten eine zusammenführende Fähigkeitsbewertung nicht vorgesehen ist. Eine Bilanzierung der C_p-/C_{pk}-Werte wäre denkbar, liefert jedoch keinen direkten Link zur Ausschusswahrscheinlichkeit auf Basis aller Merkmale. Der Ansatz 1-WR liefert einen mehrdimensionalen Fähigkeitskennwert. Nachteilig ist die notwendige, separate Anfittung von verschiedenen Verteilungsmodellen je Merkmal und die damit verbundene Durchführung von Anpassungstest (bspw.: Kolmogorow-Smirnow-Anpassungstest (vgl. Sachs und Hedderich 2009). Des Weiteren sollten die betrachteten Merkmale unabhängig voneinander sein, da sonst die bestimmte Ausschusswahrscheinlichkeit einen mathematisch korrekt berechneten, jedoch praktisch zu hohen Wert liefert. Der Ansatz 2-NV liefert ebenfalls einen mehrdimensionalen MPC-Wert. Jedoch setzt dieser Ansatz eine Normalverteilung bei allen analysierten Produktmerkmalen voraus, da die Ausschusswahrscheinlichkeit unter Zuhilfenahme einer multivariaten Normalverteilung durchgeführt wird. Ergo können beispielsweise links-/rechtsschiefverteilte Merkmale (Beispiel: Rundheit, Ebenheit) nicht abgebildet (angefittet) werden. Auch hier können nur unabhängige Merkmale analysiert werden (vgl. Ausführungen bei Ansatz 1-WR). Im Gegensatz zum Ansatz 2-NV setzt der Ansatz 3-WV zwar ebenfalls die Merkmalsunabhängigkeit, jedoch keine Normalverteilung beim analysierten Merkmalsset voraus. Durch den Einsatz einer multivariaten Weibullverteilung (vgl. Rinne 2009) können rechts-/linksschiefe – aber auch normalverteilte – Merkmale angefittet und eine Ausschusswahrscheinlichkeit über die Integration innerhalb der gegebenen Toleranzzonen bestimmt werden. Die multivariate Weibullverteilung zeichnet sich hierbei durch eine höhere Flexibilität im Vergleich zur multivariaten Normalverteilung aus. Allerdings ist eine Streuung bei der Bestimmung der Ausschusswahrscheinlichkeit zu erwarten, da die Güte des Modells maßgeblich durch das Fittungsverfahren beeinflusst wird. Außerdem ist als nachteilig zu bemerken, dass noch kein validierter Code, welcher allgemein anerkannt ist, existiert, um in der Praxis eine multivariate Weibullverteilung an gegebene Daten anzupassen. Allerdings wurden schon verschiedene Möglichkeiten entwickelt und diskutiert; eines dieser Verfahren wurde in der vorliegenden Publikation angewendet (vgl. Kap. 7.5). Die Nutzung von Weibullverteilungen in beliebig hohen Dimensionen ist zur Zeit noch als schwierig zu bewerten.

Der Ansatz 4-TSNV erlaubt im Gegensatz zu den zuvor skizzierten, drei Ansätzen 1-WR, 2-NV und 3-WV auch die Bestimmung der zu erwartenden Ausschusswahrschein-

Tab. 8.2 Vergleich der vier Ansätze zur Bestimmung mehrdimensionaler Prozessfähigkeitskennwerte im Vergleich zum Stand der Technik C_p-/C_{pk}-Index

Ansatz	C_p-/C_{pk}	1-WR	2-NV	3-WV	4-TSNV
Variablen	Univariat	Multivariat	Multivariat	Multivariat	Multivariat
Verteilung/ Methode	Normal verteilung/ Percentil-Methode	Beliebige Verteilung je Merkmal	Normal verteilung bei allen Merkmalen	Links-/Rechtsschiefe und symmetrische Verteilung möglich aufgrund multivariater Weibullverteilung	Beliebig, da Transformation auf Standard-NV; Monte-Carlo-Simulation
Korrelation Merkmale	Entfällt	Unabhängig	Unabhängig	Unabhängig	Unabhängig/ Abhängig
Wichtige Einflussgrößen	Verteilungsart	Korrelation Merkmale	Korrelation Merkmale/ Fittungsverfahren	Korrelation/ Fittungsverfahrens	Anzahl Simulationen/Fittungsverfahren
Fähigkeitsindex	C_p-/C_{pk}-Wert je funktionskritischem Merkmal	MPC für beliebig viele Merkmale	MPC für beliebig viele normalverteilte Merkmale	MPC für beliebig viele links-/rechtsschief- oder normalverteilte Merkmale	MPC für beliebig verteilte Merkmale
Deutung Parameter	μ (Prozesslage) und δ (Prozessstreuung)	Je gewähltem Verteilungsmodell	μ (Prozesslage) und σ (Prozessstreuung)	Parameter λ (Poisson-Prozess)	Eingeschränkt über Kovarianzen, s der Standard-NV

lichkeit respektive des MPCI sowohl bei abhängigen als auch unabhängigen Merkmalen. Einziger Nachteil ist die fehlende Möglichkeit der Modell-Parameterdeutung. Die multivariate Normalverteilung (2-NV) oder Weibullverteilung (3-WV) erlaubt eine Deutung der Modellparameter und damit bspw. eine Interpretation von potentiellen Fertigungsprozesseinflüssen und –charakteristika. Dies ist beim Ansatz 4-TSNV bedingt durch Simulation nur eingeschränkt (hier bspw. durch Kovarianzen) möglich (Tab. 8.2).

8.3 Nutzen aus industrieller Anwendersicht

Im Bereich der medizintechnischen Industrie steigen die kundenspezifischen Anforderungen an die Prozessvalidierung immer weiter an. Wie auch in der Automobilindustrie üblich verlangen gerade große Kunden von den Herstellern den Nachweis, dass alle Produktionsprozesse umfassend validiert sind. Alternativ müssen die Produkte einer 100 %-Kontrolle unterzogen werden, was unter betriebswirtschaftlichen Gesichtspunkten häufig nicht zu verantworten oder auch technisch kaum umsetzbar ist.

In der Vergangenheit erfolgte die Validierung von Produktionsprozessen klassischer Weise anhand der bekannten Kenngrößen aus der Maschinenfähigkeitsermittlung. Die Vorgehensweise ist den Unternehmen über die Industriestandards hinlänglich bekannt, da diese insbesondere bei der Abnahme neuer Maschinen in breitem Umfang eingesetzt wird.

Die Validierung von Fertigungsprozessen unter Einsatz der eindimensionalen Vorgehensweise erfordert im ersten Schritt die Festlegung des kritischen Merkmals, anhand dessen die Validierung durchgeführt werden soll. Alleine schon dieser Schritt stellt die Hersteller oftmals vor große Probleme und verursacht erheblichen Aufwand. In der Regel kann aber nicht eindeutig ermittelt werden, welches Merkmal das aus Prozesssicht kritischste ist. Dies kann sich zudem über die Zeit durchaus ändern.

In der Praxis sind es vielmehr häufig mehrere Merkmale, die in Summe die Komplexität eines Fertigungsprozesses ausmachen. Die hier vorgestellten Ansätze (vgl. Kap. 7) bieten die Möglichkeit, dies in praxisgerechter Art abzubilden und bei der Validierung eines Prozesses zu berücksichtigen.

Der Einsatz der eindimensionalen Prozessvalidierung führt zudem zu irreführenden Ergebnissen, die leicht falsch interpretiert werden können. Ergibt sich beispielsweise aus der eindimensionalen Validierung ein erwarteter Fehleranteil von 50ppm, liegt zunächst die Annahme nahe, es handele sich um einen sehr stabilen Prozess. Dieses Ergebnis verdeckt aber womöglich das Risiko, dass die Prozessstabilität in der mehrdimensionalen Realität deutlich schlechter ist und somit mit höheren Fehlerraten gerechnet werden muss. Dieser Aspekt ist u. a. bei der Mengenplanung kritischer Aufträge zu berücksichtigen, um eventuelle Unterlieferungen zu vermeiden.

Zusammenfassend bieten sich dem Anwender folgende Möglichkeiten hinsichtlich einer Prozessfähigkeitsanalyse:

1. Fähigkeitsbeurteilung von Fertigungsprozessen auf Basis eines Merkmalsets (Kombination mehrerer Merkmale) möglich; Anzahl der Merkmale ist nicht limitiert (theoretisch nur von der Rechnerleistung begrenzt),
2. Es können auch nach wie vor einzelne Merkmale bewertet werden und
3. Der Herstellungsprozess eines Produktes kann auf Basis eines Kennwertes bewertet werden.

Des Weiteren ergeben sich bei Durchführung der vorgestellten Verfahren folgende Erkenntnisse:

1. Detektion von Abhängigkeiten verschiedener Produktmerkmale,
2. Hinweise auf gezielte Möglichkeiten der Fertigungsprozessoptimierung,
3. Hinweise auf verdeckte Korrelationen bei überlagerten Streuungen; bspw. Prüfprozessstreuung versus Fertigungsprozessstreuung.

8.4 Übertragbarkeit auf weitere Produktspektren

Die im Rahmen des Kap. 7 vorgestellten Methoden zur mehrdimensionalen Prozessfähigkeitsanalyse wurden anhand von zahlreichen Herstellungsprozessen von Produkten der Dentaltechnik entwickelt und validiert. Eine allgemeine Vorgehensweise zur mehrdimensionalen Fertigungsprozessbeurteilung wurde in Kap. 8.1 vorgestellt (vgl. Tab. 8.1). Im Nachfolgenden wird die Übertragbarkeit der Vorgehensweise sowie der entwickelten/vorgestellten statistischen Methoden und Ansätze auf andere, technisch komplexe Produkte diskutiert. Die Genauigkeiten und Toleranzbereiche der funktionskritischen Produktmerkmale der hier untersuchten Produkte liegen im Bereich von Hundertsteln respektive tausendsteln Millimetern. Dementsprechend sind in der Dentaltechnikbranche die Mess- und Prüfsysteme ausgelegt und deren Eignung/Fähigkeiten nachgewiesen.

Bei einer Übertragung der hier gezeigten Methoden (vgl. Tab. 8.1; Abschnitt A; hier bspw. Prüfprozesseignung nach (Verband der Automobilindustrie e. V. Qualitäts Management Center 2011a)) auf andere Produkte ist zunächst zu prüfen, ob die hier verwendeten Grenzwerte (bspw. zur Prüfgerät-Auflösung oder Schwellenwerte zur Prüfprozessfähigkeit) anwendbar sind.

Ein weiteres wesentliches Element ist die Ermittlung von Merkmalskorrelationen auf Basis der gewonnenen Mess-/Prüfdaten. Die hier angewendeten Verfahren sind technologieunabhängig. Beide Varianten – parametrisch/parameterfrei – lassen sich uneingeschränkt bei anderen Merkmalsanalysen bezüglich anderer technischer Produkte anwenden. Ein besonderes Augenmerk sollte jedoch der potentiellen Überlagerung von Fertigungsprozessstreuungen und Prüfprozessstreuungen gewidmet werden (vgl. hierzu explizit Beispiel in Kap. 6.4): Merkmalskorrelationen können durch Streueffekte in Fertigung und Prüfprozess durchaus überlagert sein. In Abhängigkeit von Fertigungstechnologie und verwendeten Prüfprozessen ist dieses bei einer Übertragung der hier gezeigten Methoden/Systematiken auf andere Produkte respektive Herstellungsverfahren jedenfalls zu überprüfen.

Die Methoden zur Ermittlung eines Überschreitungsanteils/einer Ausschusswahrscheinlichkeit auf Basis mehrerer funktionskritischer Merkmale (vgl. Kap. 7.2 bis 7.6; Tab. 8.1; Abschnitt C) sind ebenfalls technologieunabhängig. Sie können also auch auf andere Merkmalsets technisch einfacher sowie komplexer Produkte angewendet werden. Beachtet werden sollten hier mögliche Unschärfen bei der Anfittung mehrdimensionaler Verteilungsmodelle bedingt durch die Merkmalsanzahl, die Datenlage und das Fittungsverfahren (bspw. Maximum-Likelihood-Algorithmus, Trust-Region-Algorithmus, Levenberg-Marquardt-Algorithmus). Je nach Merkmalsanzahl, Datenvolumen und Fittungsverfahren können sich Abweichungen bei Modellberechnung und damit bei der Deutung der Parameter ergeben. Aus pragmatischer Sicht ist es sinnvoll, nach Bestimmung des Prozessfähigkeitskennwertes – basierend auf o.g. Ansätzen (Tab. 8.1; Abschnitt C) – Messreihen zur empirischen Belegung (z. B. über die empirische Ausfallwahrscheinlichkeit) der erzeugten Modellaussagen durchzuführen. Damit können Aussageunsicherheiten bedingt durch Merkmalsanzahl, Datenlage sowie Fittungsverfahren quantifiziert und ggf. der gewählte Ansatz modifiziert werden.

Ist die Ausschusswahrscheinlichkeit/der Überschreitungsanteil bestimmt, wurde innerhalb des vorliegenden Ansatzes der Zusammenhang C_p-/C_{pk}-Index versus Überschreitungsanteil zur Bestimmung eines mehrdimensionalen Fähigkeitskennwertes als Analogon zur univariaten Prozessfähigkeitsuntersuchung vorgestellt (vgl. Kap. 7.2; Tab. 8.1; Abschnitt C). Diese Analogie ist ebenfalls technologieunabhängig und kann auch auf andere Produktspektren übertragen werden. Da es sich um einen eindeutigen funktionalen Zusammenhang handelt, ist eine uneingeschränkte Übertragbarkeit auf weitere technische Produkte möglich. Lediglich bei der Anwendung von Grenzwerten zum Prozessfähigkeitskennwert (sowohl univariat; (vgl. Verband der Automobilindustrie e. V. Qualitäts Management Center 2011a), als auch multivariat) sind Technologiespezifika zu berücksichtigen. Beispielsweise ist für funktionskritische Merkmale im automobiltechnischen Kontext ein C_p-/C_{pk}-Kennwert $\geq 1{,}33$ (entspricht einem statistisch zu erwartenden Ausschussanteil von $63{,}3 \times 10^{-6}$) eine standardmäßige Forderung. Ob dieser Kennwert bei anderen Produkten/Technologien sinnvoll ist respektive übernommen werden kann, ist produkt- und fertigungstechnologieabhängig zu prüfen und zu entschieden. Innerhalb der hier vorgestellten Fallstudien wurde dieser Grenzwert in Abhängigkeit der analysierten Fertigungsprozesse respektive Dentalwerkzeuge individuell definiert.

Literatur

Rinne, H.: The Weibull distribution: A handbook. CRC Press, Boca Raton (2009)

Sachs, L., Hedderich, J.: Angewandte Statistik: Methodensammlung mit R. 13. Springer, Berlin (2009)

Verband der Automobilindustrie e. V. Qualitäts Management Center: Band. 4 Ringbuch: Sicherung der Qualität in der Prozesslandschaft Eigenverlag, Berlin (2011a)